Plasticidade

Plasticidade

Teoria e Exemplos na Engenharia

Marco Túlio Cícero Araújo Fernandes, D.Sc.

Engenheiro Civil da Seção de Estruturas do Escritório Técnico da Universidade Federal do Rio de Janeiro (ETU/UFRJ).

Pesquisador do Laboratório de Métodos Computacionais e Sistemas Offshore do Instituto Alberto Luiz Coimbra de Pós-Graduação e Pesquisa de Engenharia (LAMCSO/COPPE/UFRJ).

Ex-Professor do Centro de Engenharia e Computação da Universidade Católica de Petrópolis (UCP).

Plasticidade: Teoria e Exemplos na Engenharia

Dados Internacionais de Catalogação na Publicação (CIP)
(Câmara Brasileira do Livro, SP, Brasil)

Fernandes, Marco Túlio Cícero Araújo
Plasticidade : teoria e exemplos na engenharia / Marco Túlio Cícero Araújo Fernandes. -- 1. ed. -- Petrópolis, RJ : Ed. do Autor, 2022.

ISBN 978-65-00-42274-0

1. Concreto 2. Engenharia civil 3. Engenharia civil (Estruturas) 4. Solos I. Título.

22-106027 CDD-624.15

Índices para catálogo sistemático:

1. Engenharia civil 624.15

Aline Graziele Benitez - Bibliotecária - CRB-1/3129

Apresentação

O livro foi escrito pelo engenheiro civil e pesquisador da Universidade Federal do Rio de Janeiro (UFRJ) MARCO TÚLIO CICERO FERNANDES. O autor apresenta experiência em cálculos estruturais por exercer a atividade de engenheiro calculista no Escritório Técnico da UFRJ e por desenvolver pesquisa em Métodos dos Elementos Finitos (MEF). Nas atividades de pesquisa, MARCO TÚLIO utiliza conhecimentos básicos e avançados em análise de estruturas (MEF, elasticidade, plasticidade, etc) para simular o comportamento estrutural de dutos submarinos e sua interação com o leito marinho.

O estudo da plasticidade é bastante relevante para a formação em Engenharia. Nos cursos de graduação, os alunos costumam ter o primeiro contato com este assunto nas disciplinas de Resistência dos Materiais. O tema é tratado principalmente associando o fenômeno a esforços de natureza menos complexa, como barras submetidas a esforços axiais. Com isso o aluno tem a oportunidade de compreender os fundamentos aplicando-os na solução de problemas simples. Nas disciplinas do ciclo profissional, o assunto é retomado levando-se em consideração questões normativas para diversos tipos de estruturas como, por exemplo: estruturas de concreto armado, protendido e estruturas de aço.

O livro apresenta de maneira introdutória algumas das principais formulações no estudo do fenômeno da plasticidade, concatenando conceitos que costumam ser particionados ao longo dos cursos de graduação.

Por fim, o livro "Plasticidade" é indicado aos leitores que desejam iniciar os estudos no tema, pois apresenta um texto de leitura agradável com exemplos, ilustrações e exercícios resolvidos. Os capítulos são ordenados de forma lógica propondo uma coesão entre os assuntos abordados, estimulando inclusive o leitor a se aventurar na implementação computacional.

Boa leitura.

Prof. Mauro Henrique Alves de Lima Junior

Prof. Bruno Martins Jacovazzo

Prefácio

A plasticidade é um comportamento não-linear de diversos materiais de grande interesse na Engenharia, como metais, solos, concretos, plásticos e compósitos. Consequentemente, o entendimento desse conceito é fundamental para o engenheiro ou profissional que lida com a resistência e o desempenho físico de materiais ou de estruturas.

O estudo da plasticidade inclui conceitos como tensões, deformações, elasticidade, inelasticidade, modelos constitutivos e critérios de escoamento. Alguns destes conceitos são abordados em livros de Mecânica dos Materiais. No entanto, a maioria dos livros dessa disciplina não se aprofunda em tópicos como a inelasticidade.

Este livro tem como um dos seus objetivos principais, preencher uma lacuna existente de bibliografia sobre plasticidade voltada para a Engenharia e em língua portuguesa. Além disso, no caso específico da Engenharia Civil, o aluno de graduação é apresentado a diversos conceitos de plasticidade de uma forma isolada e estanque, em disciplinas como Mecânica dos Solos, Estruturas de Concreto Armado e Estruturas Metálicas. Outro objetivo deste texto é organizar de uma forma mais didática os conhecimentos esparsos de plasticidade vistos em diferentes disciplinas. Além do Engenheiro Civil, estudantes ou profissionais de outras engenharias como a Mecânica, Aeronáutica e de Materiais poderão ser beneficiados pelo estudo da plasticidade.

Os tópicos do livro são apresentados de uma forma concisa, podendo ser utilizados por estudantes de graduação ou de pós-graduação, além de profissionais que queiram se aprofundar em tópicos específicos da plasticidade ou de análises não-lineares de engenharia, como por exemplo a utilização de métodos numéricos como o de elementos finitos.

Ao final de cada capítulo são apresentados exemplos para ilustrar a aplicação dos conceitos abordados. Estes exemplos envolvendo estruturas, mecânica dos solos e dutos, incluindo tópicos de normas da engenharia como a NBR 6118/2014 (Projeto de Estruturas de Concreto – Procedimento), procuram aproximar a teoria de aspectos práticos da engenharia.

Para o entendimento da maioria dos assuntos é necessário o estudo prévio das disciplinas de Cálculo, Álgebra Linear e Mecânica dos Materiais. Em tópicos mais avançados como o de Método dos Elementos Finitos e de Mecânica do Contínuo, o leitor poderá consultar as referências listadas na bibliografia, caso julgue necessário.

Nos dois primeiros capítulos, os conceitos e definições básicos da teoria da plasticidade são apresentados. Posteriormente, nos capítulos 3 e 4, os critérios de escoamento e as relações tensão-deformação para materiais elastoplásticos são aprofundados. No capítulo 5, o método de elementos finitos para análises não-lineares envolvendo materiais elastoplásticos são apresentados, juntamente com exemplos de simulações numéricas. O capítulo 6 contém detalhes da notação utilizada no livro. Finalmente, no capítulo 7, a implementação computacional de um algoritmo para cálculo de incrementos de tensão é apresentada em linguagem python, com o objetivo de mostrar ao leitor alguns aspectos da programação de métodos numéricos para solução de problemas de plasticidade.

O livro ou partes dele podem ser utilizados em cursos específicos de plasticidade, ou como material complementar em disciplinas de Concreto Armado, Estruturas Metálicas, Geotecnia ou de Elementos Finitos, por exemplo.

Agradeço aos meus amigos e colegas do Escritório Técnico da Universidade (ETU/UFRJ), do Laboratório de Métodos Computacionais e Sistemas Offshore (LAMCSO/COPPE/UFRJ) e do Centro de Pesquisas, Desenvolvimento e Inovação Leopoldo Américo Miguez de Mello (CENPES/PETROBRAS), em especial ao Engenheiro Carlos de Oliveira Cardoso, cujo aprendizado e discussões sobre plasticidade foram fundamentais na elaboração desse livro.

Finalmente, agradeço à minha esposa, Professora Heloísa Lajas Sanches Fernandes, pela revisão do manuscrito e pelas críticas e sugestões sem as quais este livro não seria possível.

Sumário

Nomenclatura

Letras romanas maiúsculas

A – Área

$\boldsymbol{B}$ – Matriz de deformação que relaciona deformações e deslocamentos

D – Diâmetro

$\boldsymbol{D}$ – Matriz constitutiva

$\boldsymbol{D}^e$ – Matriz constitutiva elástica

$\boldsymbol{D}^p$ – Matriz constitutiva plástica

$\boldsymbol{D}^{ep}$ – Matriz constitutiva elastoplástica

E, E_s – Módulo de elasticidade longitudinal

E_t – Módulo tangente

E_p – Módulo plástico ou valor médio do módulo de elasticidade do aço de protensão

$\boldsymbol{F}$ – Vetor de forças internas

H – Módulo de endurecimento

H^1 – Espaço de Hilbert

I_1 – Invariante do tensor de tensões

J_2 – Invariante das tensões desviadoras

$\boldsymbol{K}$ – Matriz de rigidez

L – Comprimento

$\boldsymbol{L}$ – Matriz de operadores de derivadas

$\boldsymbol{N}$ – Matriz de funções de forma

P – Carga ou força concentrada

$\boldsymbol{R}$ – Vetor de forças externas

U – Conjunto de soluções

$\boldsymbol{U}$ – Vetor de deslocamentos nodais

V – Conjunto de funções de ponderação

Letras romanas minúsculas

$\boldsymbol{a}$ – Vetor de gradiente da função de escoamento

$\boldsymbol{b}$ – Vetor de forças internas do corpo

c – Coesão do material

$d\lambda$ – Parâmetro de carregamento ou multiplicador plástico

f – Função de escoamento do material

g – Função de potencial plástico

f_{yk} – Resistência característica do aço à tração

f_{yd} – Resistência de cálculo do aço à tração

f_{pyk} - Valor característico da resistência ao escoamento convencional

f_{ptk} - Valor característico da resistência à tração

f_{pyd} - Resistência de cálculo ao escoamento convencional

f_{ptd} - Resistência de cálculo à tração

$\boldsymbol{k}$ – Vetor de constantes do material

$k_1, k_2, \ldots, k_n$ – Componentes do vetor de constantes do material

m – Constante do material

n – Constante do material

$\boldsymbol{n}^f$ – Vetor normal à superfície de carregamento

p – Tensão média, pressão hidrostática ou tensão esférica

s_{ij} – Componentes do tensor de tensões desviadoras

t – Espessura

$\boldsymbol{u}$ – Vetor de funções deslocamentos globais

v – Função de ponderação

Letras gregas

α – Constante do material

δ – Deslocamento ou alongamento. Delta de Kronecker

$\varepsilon, \varepsilon_s$ – Deformação

ε^e – Deformação elástica

ε^p – Deformação plástica

$\boldsymbol{\varepsilon}_p$ – Vetor de deformação plástica efetiva

ϵ_D – Tolerância prescrita para deslocamentos

ϵ_E – Tolerância prescrita para energia

ϵ_F – Tolerância prescrita para forças

ε_{uk} - Alongamento após ruptura

γ_s – Coeficiente de minoração da resistência característica do aço

Γ– Contorno

Γ_u– Contorno relativo aos deslocamentos prescritos

Γ_t– Contorno relativo às forças distribuídas prescritas

Ω – Domínio

ϕ – Ângulo de atrito do material

σ, σ_s – Tensão normal

σ_0^c – Tensão de escoamento de carregamento

σ_0^{d} – Tensão de escoamento de descarregamento

$\sigma_1, \sigma_2, \sigma_3$ – Tensões principais

τ – Tensão cisalhante

1. Introdução

No presente capítulo são apresentados um breve histórico do estudo da plasticidade e algumas definições básicas para esse estudo. Ao final, alguns exemplos de diagramas de tensão-deformação não-lineares são apresentados.

1.1 - Introdução

No estudo da Mecânica dos Materiais, as não linearidades são divididas de duas formas: não linearidade física e não linearidade geométrica. Na não linearidade física, a relação entre tensão e deformação é não linear e na não linearidade geométrica a não linearidade decorre de mudanças geométricas consideráveis durante o carregamento.

Os materiais sujeitos à não linearidade física podem ainda ser divididos em dois grandes grupos: os materiais com comportamento elástico não-linear e os materiais com comportamento inelástico.

Os materiais com comportamento elástico não-linear têm uma relação não-linear entre tensão e deformação, mas possuem um comportamento semelhante ao dos materiais elástico lineares nas situações de carregamento e descarregamento: a distinção entre carregamento e descarregamento se dá pelo sinal de cada um deles, pois não há deformação permanente (Figura 1-1).

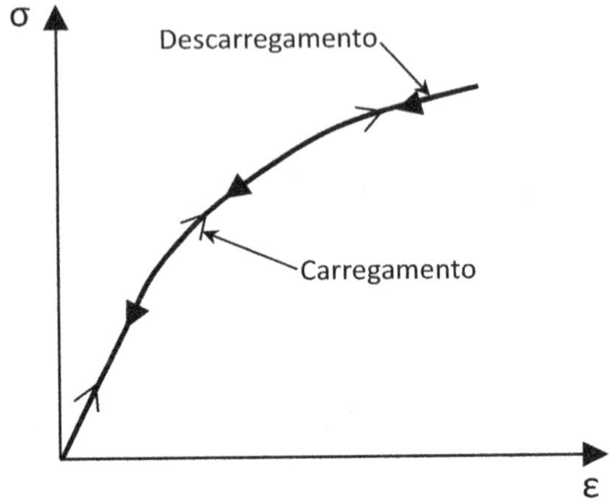

Figura 1-1: Diagrama tensão-deformação de material elástico não-linear.

O comportamento inelástico engloba diferentes modelos reológicos como o viscoelástico, viscoplástico e o elastoplástico. No comportamento elastoplástico (Figura 1-2), por exemplo, há uma deformação plástica permanente ε^p. O descarregamento deste material elastoplástico ocorre em um novo trecho de reta, diferentemente do descarregamento do material elástico não-linear da Figura 1-1.

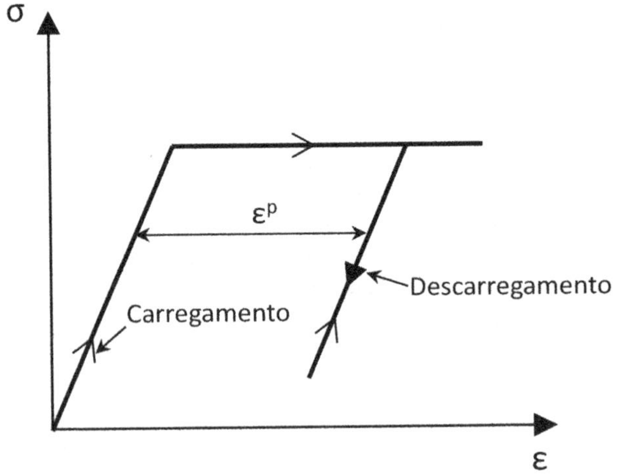

Figura 1-2: Diagrama tensão-deformação de material elastoplástico.

Neste livro será abordado o comportamento não linear físico dos materiais, sendo dada ênfase ao modelo elastoplástico por este estar presente em diversos problemas de Estruturas, de Geotecnia e de Mecânica dos Materiais, como o dimensionamento de estruturas de concreto armado, a determinação da capacidade de carga e de recalques de fundações, análise de interações solo-estrutura, análise de dutos, entre outros.

1.2 - Histórico do Estudo da Plasticidade

Os pioneiros no estudo da teoria da plasticidade, com início no século XIX, foram Tresca, St. Venant e Levy (KOJIC e BATHE, 2005). Nas primeiras décadas do século XX foram desenvolvidos trabalhos importantes como o de von Mises, Prandtl e Reuss. O estudo da plasticidade envolve teorias micromecânicas e macromecânicas. As teorias micromecânicas descrevem as deformações plásticas em nível microscópico, enquanto as teorias macromecânicas ou matemáticas descrevem a plasticidade macroscopicamente, estabelecendo relações entre grandezas mecânicas como tensões e deformações. Salvo algumas exceções, somente as teorias macromecânicas serão abordadas neste livro.

1.3 - Diagrama Tensão-Deformação

O diagrama tensão-deformação ($\sigma \times \varepsilon$) característico de um material é obtido após a execução de um teste de tração, no qual $\sigma_1 > 0, \sigma_2 = \sigma_3 = 0$ ou compressão, no qual $\sigma_1 < 0$, $\sigma_2 = \sigma_3 = 0$, onde σ_1, σ_2 e σ_3 são as tensões principais. As condições de tensão definidas da forma anterior são denominadas de estado de tensões uniaxial. No diagrama tensão-deformação são representados graficamente diferentes valores de tensão e deformação para diferentes magnitudes de carga.

O estudo iniciará com o diagrama tensão-deformação do aço estrutural ou aço de baixo teor de carbono, pois este é um dos materiais mais utilizados na Engenharia (Figura 1-3).

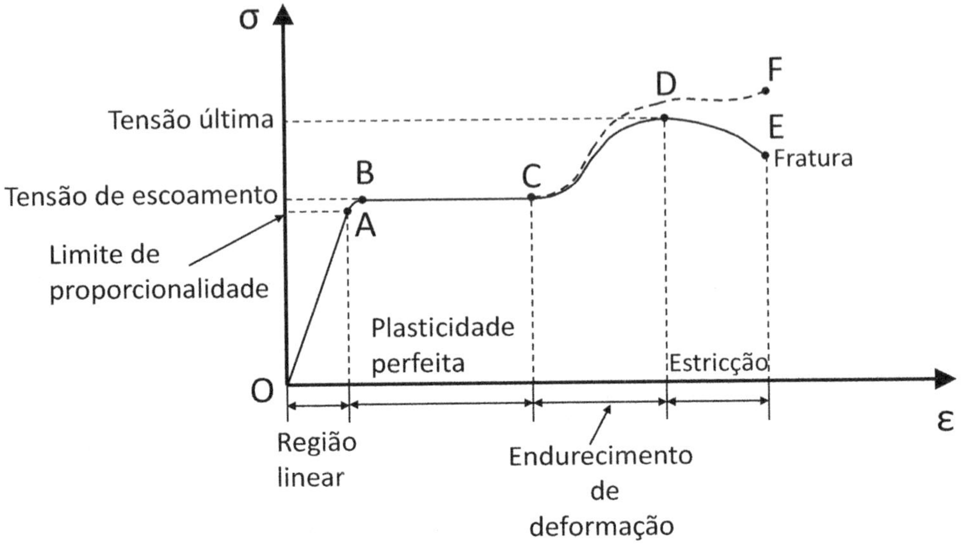

Figura 1-3: Diagrama tensão-deformação de aço estrutural sem escala.

A seguir serão discutidas as diferentes regiões do gráfico da Figura 1-3. Inicialmente, o segmento de reta definido pelos pontos O e A delimita a região linear do gráfico, onde a relação entre tensão e deformação é proporcional e definida pela lei de Hooke, conforme a Equação (1-1):

$$\sigma = E\varepsilon \tag{1-1}$$

onde E é o coeficiente angular da reta e definido como módulo de elasticidade longitudinal ou módulo de Young e possui dimensão de tensão, já que a deformação ε é adimensional. A tensão no ponto A é definida como o limite de proporcionalidade e além desse ponto não existe mais proporcionalidade entre a tensão e a deformação.

Prosseguindo no diagrama da Figura 1-3, o aumento da tensão a partir do ponto A é acompanhado por uma diminuição da tangente da curva tensão-deformação até o ponto B, ponto no qual a curva fica horizontal. Ainda com relação ao ponto B, um alongamento significativo do corpo de prova é observado sem um aumento considerável da tensão. Este fenômeno é denominado de escoamento e se estende até o ponto C. A tensão do ponto B é denominada de tensão de escoamento e o segmento de reta $\overline{BC}$ é característico de um material perfeitamente plástico ou plástico-perfeito. No comportamento do material descrito pelo segmento de reta $\overline{BC}$, há um aumento da deformação sem um aumento significativo da carga aplicada.

Em seguida, no ponto C, inicia-se o aumento da resistência do material com o aumento de carga, o que resulta em uma curva com um ponto máximo em D, ponto no qual a tensão é chamada de tensão última ou tensão máxima. A região da curva delimitada pelos pontos C e D é denominada de região de endurecimento por deformação.

Além do ponto D, o aumento da deformação é acompanhado por uma redução da carga até o ponto E, onde finalmente ocorre a ruptura do corpo de prova. O alongamento da barra durante o ensaio de tração é acompanhado por uma contração lateral, resultando na diminuição da área da seção transversal.

Até o ponto C, o efeito da diminuição da seção transversal não é considerado nos cálculos das tensões, pois é pequeno o suficiente, podendo ser desconsiderado. A partir desse ponto, porém, a diminuição da área, denominada de estricção (Figura 1-4), influi nos cálculos das tensões de maneira considerável. Nessa situação, se a área reduzida for utilizada no cálculo da tensão, o diagrama será denominado como de tensão-deformação verdadeiro (curva tracejada do ponto C ao ponto F). Um diagrama tensão-deformação em escala real para o mesmo aço estrutural em estudo é apresentado na Figura 1-5. Observa-se que as deformações entre os pontos O e A não podem ser vistas, além de ser muito menores do que as deformações entre os pontos C e E. Por essa razão, os gráficos sem escala são geralmente os mais utilizados.

Figura 1-4: Estricção de uma barra sob tração.

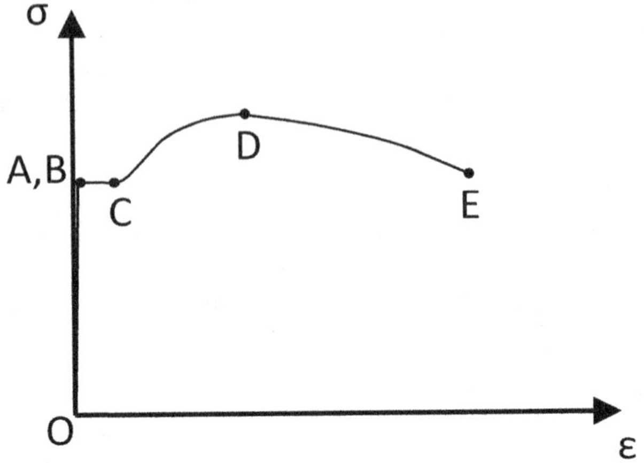

Figura 1-5: Diagrama tensão-deformação de aço estrutural em escala.

Conforme pode ser observado nos diagramas tensão-deformação do aço estrutural, a tensão de escoamento é facilmente definida, sendo esta uma das principais características desse material. O aço estrutural é um metal dúctil, ou seja, sofre grandes deformações permanentes antes da sua ruptura. Os materiais frágeis (Figura 1-6), por outro lado, apresentam uma ruptura para valores baixos de deformações. Alguns exemplos de materiais frágeis são as pedras, vidros e cerâmicas.

Figura 1-6: Diagrama tensão-deformação de material frágil.

1.4 - Não-Linearidades Físicas. Elasticidade e Plasticidade.

Seja o diagrama tensão-deformação de um corpo de prova de metal dúctil, representado na Figura 1-7 a seguir. Neste diagrama, o ponto E delimita as regiões elástica e plástica do material.

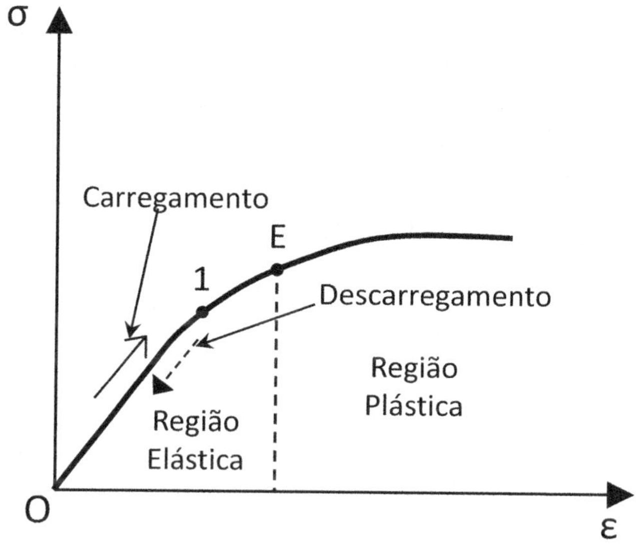

Figura 1-7: Diagrama tensão-deformação de material elastoplástico.

Considere que uma carga é aplicada neste corpo, de forma que o comportamento tensão-deformação é descrito pela curva $O1$ e o seu sentido indicado pela seta cheia. Ao remover a carga aplicada anteriormente, cujo sentido de descarregamento é indicado pela seta tracejada, o comportamento tensão-deformação é também descrito pela curva $O1$. Nesta situação, o material apresentou um comportamento elástico, pois retornou às suas dimensões originais após o descarregamento.

Na Figura 1-8, o corpo é submetido a um carregamento mais alto, até atingir o ponto 2 do diagrama.

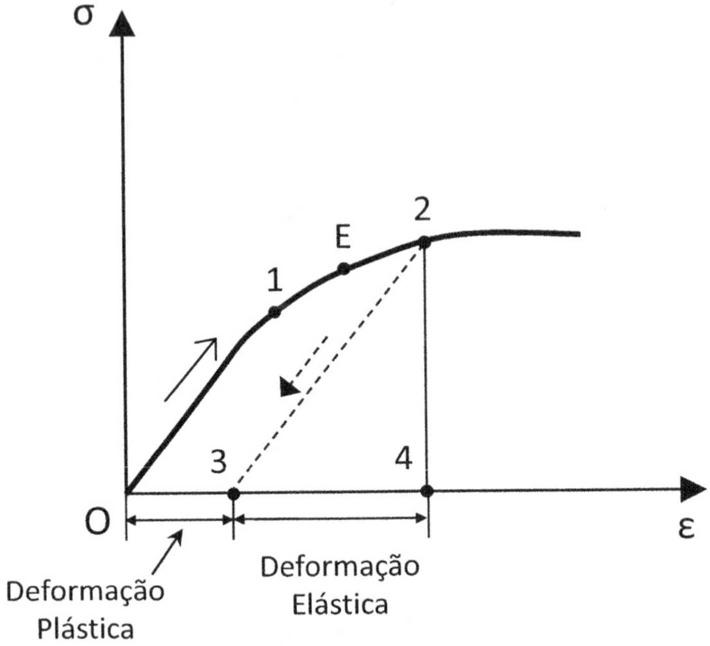

Figura 1-8: Diagrama tensão-deformação de material elastoplástico. A seta cheia indica o sentido do carregamento e a seta tracejada indica o sentido do descarregamento.

Ao descarregar o corpo a partir do ponto 2, após o limite elástico, o material apresenta o comportamento representado pelo segmento de reta $\overline{23}$ do diagrama. Observa-se que o segmento de reta $\overline{23}$ é paralelo ao trecho inicial da curva 01 do diagrama. Este comportamento é explicado pelas forças interatômicas do metal: as forças interatômicas devem ser superadas primeiramente para alongar o corpo elasticamente; quando a carga é removida, as mesmas forças interatômicas reunirão os átomos do corpo, acarretando um mesmo módulo de elasticidade longitudinal.

Após o descarregamento completo ser atingido no ponto 3, o corpo permanece com uma deformação permanente ou residual definida pelo segmento de reta $\overline{O3}$. Com relação à deformação total $\overline{O4}$ apresentada pelo corpo, ela pode ser decomposta em duas parcelas: uma parcela elástica (segmento de reta $\overline{34}$) e outra permanente ou plástica (segmento de reta $\overline{O3}$). O corpo, portanto, não retorna às suas dimensões originais após o descarregamento.

Na Figura 1-9, o corpo sofre um recarregamento a partir do ponto 3, indo até o ponto 2 do diagrama. Na região de 3 até 2, o material apresenta um comportamento elástico linear, com um limite elástico superior ao da situação de carregamento anterior com origem no ponto O.

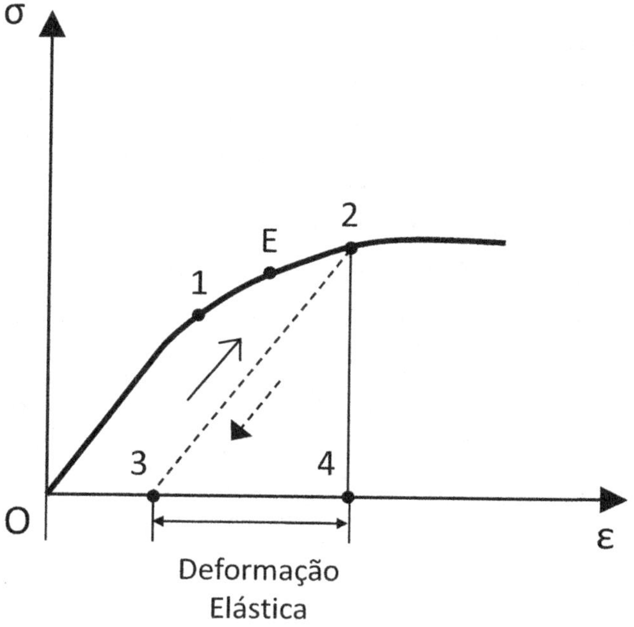

Figura 1-9: Diagrama tensão-deformação de material elastoplástico. As setas cheias indicam o sentido do carregamento e recarregamento e a seta tracejada indica o sentido do descarregamento.

Finalmente, na Figura 1-10, o corpo sofre um recarregamento a partir do ponto 3, indo até o ponto 4 do diagrama. Após o descarregamento completo ser atingido no ponto 5, o corpo permanece com uma deformação permanente ou residual definida pelo segmento de reta $\overline{35}$. Com relação à deformação total $\overline{36}$ apresentada pelo corpo, ela pode ser decomposta em duas parcelas: uma parcela elástica (segmento de reta $\overline{56}$) e outra permanente ou plástica (segmento de reta $\overline{35}$). O corpo, portanto, não retorna às suas dimensões originais após o descarregamento.

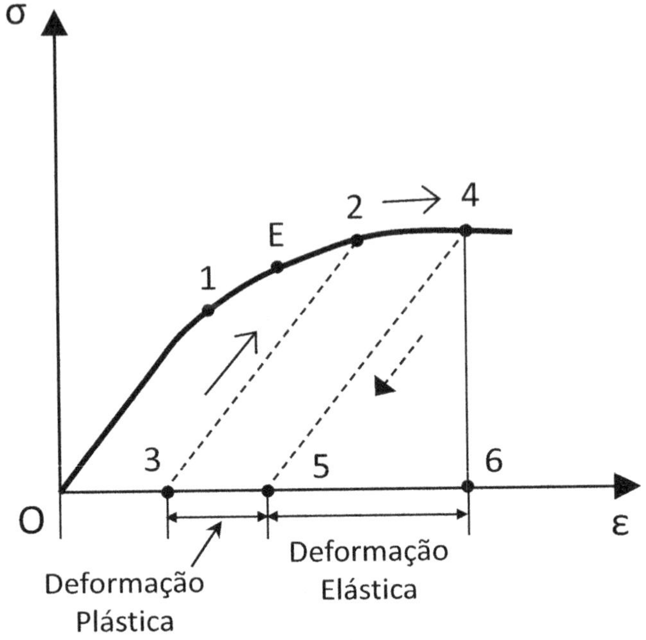

Figura 1-10: Diagrama tensão-deformação de material elastoplástico. As setas cheias indicam o sentido do carregamento e recarregamento e a seta tracejada indica o sentido do descarregamento.

1.5 - Diagramas de Tensão-Deformação Não-Lineares

O comportamento físico não-linear de um material pode ser representado por diagramas tensão-deformação conforme visto anteriormente. Muitas vezes, os diagramas são representados de forma idealizada, sem que haja prejuízo na análise do material. Alguns exemplos de diagramas idealizados serão apresentados a seguir.

O primeiro exemplo, Figura 1-11, mostra um diagrama idealizado de um material com comportamento elastoplástico, como por exemplo, o aço estrutural. Originalmente, o diagrama (Figura 1-3) mostra que após atingir a tensão de escoamento (ponto *B*), o aço sofrerá deformações plásticas significativas sob uma tensão praticamente constante. Na prática da Engenharia, essas deformações plásticas são tão grandes, que ocasionam a perda da utilidade de uma estrutura de aço. Por esta razão é comum não utilizar a região após o ponto C da Figura 1-3, simplificando o diagrama para a forma apresentada na Figura 1-11.

No diagrama idealizado, composto por duas retas, a primeira reta é relativa ao comportamento elástico e possui coeficiente angular igual ao módulo de elasticidade longitudinal do material E, obedecendo a Lei de Hooke. A reta do comportamento elástico prossegue até à tensão de escoamento σ_0 do material. Neste ponto, o material escoa sob tensão constante com um comportamento plástico-perfeito (segunda reta). O diagrama da Figura 1-11 é utilizado tanto para carregamentos de tração, quanto para carregamentos de compressão.

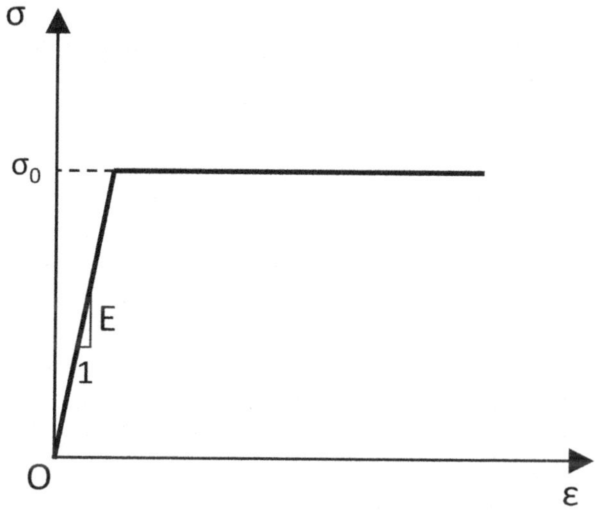

Figura 1-11: Diagrama tensão-deformação de material elastoplástico perfeito.

O segundo exemplo (Figura 1-12) contém uma curva tensão-deformação obtida por meio de uma única equação, sendo a expressão de Ramberg-Osgood uma das mais conhecidas desse tipo e utilizada, por exemplo, para representação de ligas de magnésio, de aço e de alumínio. A expressão de Ramberg-Osgood (RAMBERG e OSGOOD, 1943) tem a seguinte forma representada na Equação (1-2):

$$\varepsilon = \frac{\sigma}{E} + \frac{\sigma_0 \alpha}{E}\left(\frac{\sigma}{\sigma_0}\right)^n \quad (1\text{-}2)$$

onde α, σ_0 e n são constantes do material.

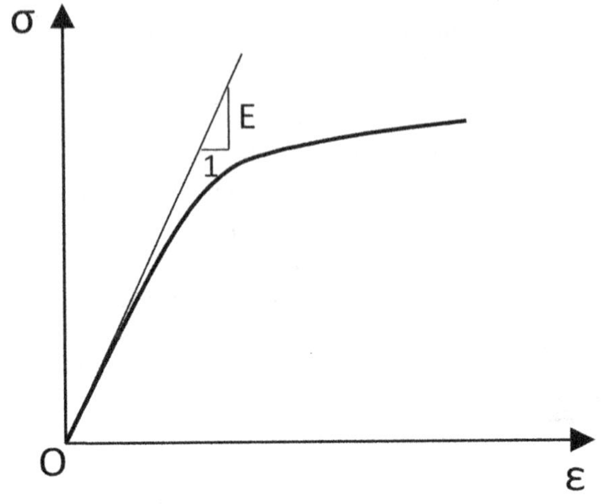

Figura 1-12: Diagrama de tensão-deformação definido por uma equação de Ramberg-Osgood.

O terceiro exemplo (Figura 1-13), corresponde a uma curva de tensão-deformação bilinear de um material elastoplástico com endurecimento (aumento de tensão suportada pelo material após a ocorrência de deformação plástica). Este diagrama é formado por duas retas com inclinações distintas: a primeira reta corresponde ao comportamento elástico e tem coeficiente angular igual ao módulo de elasticidade longitudinal do material E; a segunda reta corresponde ao comportamento plástico com endurecimento e tem coeficiente angular igual ao módulo tangente E_t, onde $E_t < E$. Uma característica deste diagrama é não apresentar uma transição suave do comportamento elástico para o comportamento plástico. O diagrama bilinear pode ser utilizado em idealizações de comportamento de endurecimento de material ou em diagramas de tensão-deformação com formas generalizadas (Figura 1-7).

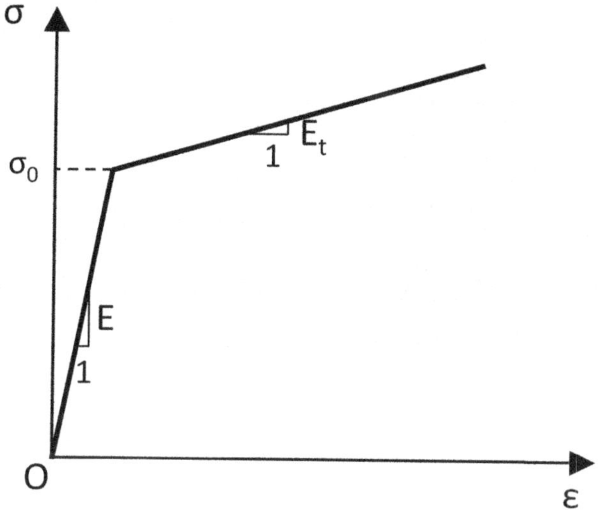

Figura 1-13: Diagrama de tensão-deformação (bilinear) de material elastoplástico com endurecimento.

1.6 - Exemplo 1

A barra rígida da Figura 1-14 está soldada às quatro barras deformáveis do tipo 1 ou 2, cujas áreas das seções transversais são iguais a A_1 e A_2 respectivamente. É aplicada uma carga P à barra rígida, de forma que há uma deformação das barras 1 e 2. As barras deformáveis possuem o mesmo módulo de elasticidade longitudinal E e diferentes tensões de escoamento σ_{01} e σ_{02}, cujos comportamentos são admitidos como sendo do tipo plástico-perfeito. Encontrar as cargas, tensões e deformações correspondentes aos escoamentos das barras 1 e 2.

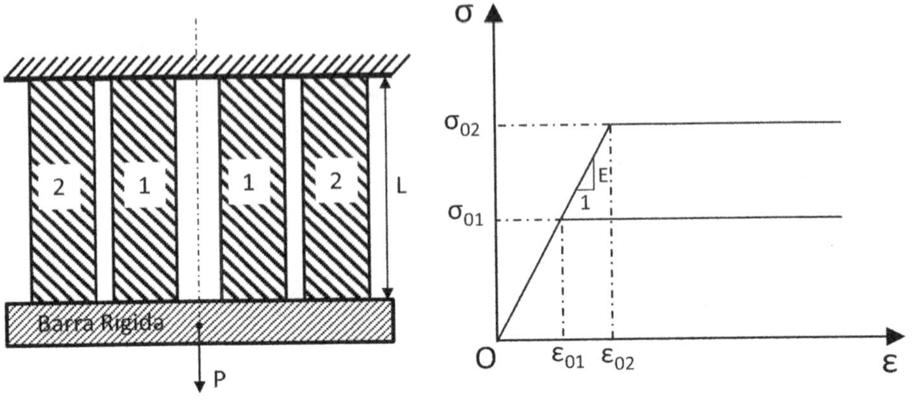

Figura 1-14: Modelo do Exemplo 1.

Solução

Para a tensão de escoamento σ_{01}, a carga P_1 será dada por:

$$P_1 = \sigma_{01} A_1 + \sigma_{01} A_2 \tag{1-3}$$

cuja tensão correspondente é igual a:

$$\frac{P_1}{(A_1 + A_2)} = \frac{\sigma_{01} A_1 + \sigma_{01} A_2}{(A_1 + A_2)} = \sigma_{01} \tag{1-4}$$

e a deformação:

$$\varepsilon_{01} = \frac{\sigma_{01}}{E} \tag{1-5}$$

Após o escoamento da barra 1, a carga P aumentará até atingir a tensão de escoamento σ_{02}. Ressalta-se que após a carga P atingir o patamar de escoamento σ_{01}, não é necessário um aumento de carga para a barra 1 continuar deformando. A carga P_2 correspondente à tensão σ_{02} será dada por:

$$P_2 = P_1 + (\sigma_{02} - \sigma_{01}) A_2$$

$$P_2 = \sigma_{01} A_1 + \sigma_{01} A_2 + \sigma_{02} A_2 - \sigma_{01} A_2 = \sigma_{01} A_1 + \sigma_{02} A_2 \tag{1-6}$$

cuja tensão σ_{02} é:

$$\sigma_{02} = \frac{\sigma_{01}A_1 + \sigma_{02}A_2}{A_1 + A_2} \tag{1-7}$$

e a deformação ε_{02}:

$$\varepsilon_{02} = \frac{\sigma_{02}}{E} \tag{1-8}$$

1.7 - Exemplo 2

A norma brasileira de Projeto de Estruturas de Concreto – Procedimento (NBR 6118/2014), estabelece o seguinte diagrama genérico de tensão-deformação para o aço em cálculos nos estados-limite de serviço e último:

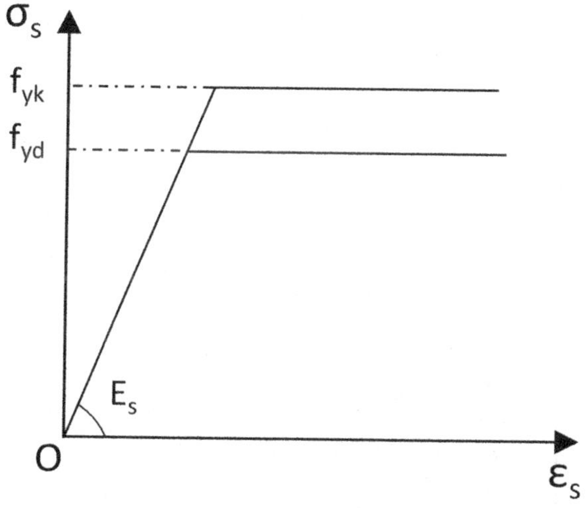

Figura 1-15: Diagrama tensão-deformação para aços de armaduras passivas (NBR 6118/2014).

onde:

f_{yk} é a resistência característica do aço à tração e definida em função da tensão mínima de escoamento, fixada como sendo a tensão correspondente à deformação específica permanente de $\varepsilon_0 = 0{,}2\%$;

$f_{yd} = \frac{f_{yk}}{\gamma_s}$ é a resistência de cálculo à tração do aço;

$\gamma_s = 1{,}15$ é o coeficiente de minoração da resistência característica do aço;

$E_s = 210\ GPa$ é o módulo de elasticidade longitudinal do aço.

Seja uma barra de aço de comprimento $L = 1$ m e diâmetro $D = 10$ mm. Considerando a resistência f_{yk}, calcular:

a) Tensão de escoamento σ_0 da barra;

b) Alongamento permanente resultante da barra, considerando que ela é submetida a uma força axial de tração até que seja atingido um alongamento de $\varepsilon_A = 6$ mm, sendo a força removida posteriormente.

Solução

O diagrama tensão-deformação correspondente ao exemplo 2 é mostrado na Figura 1-16.

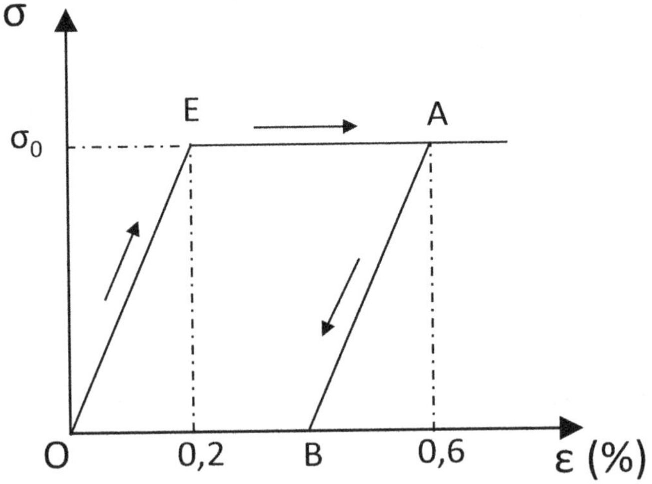

Figura 1-16: Diagrama tensão-deformação do aço do exemplo 2.

A tensão de escoamento σ_0 da barra será dada por:

$$\sigma_0 = E\varepsilon_0 = 420\,MPa \tag{1-9}$$

O alongamento permanente da barra δ_B será dado por:

$$\delta_B = \varepsilon_B L \tag{1-10}$$

A partir da Figura 1-16, observa-se que $\overline{OB} = \overline{EA}$. Portanto:

$$\overline{EA} = \varepsilon_A - \varepsilon_0 = 0{,}6 - 0{,}2 = 0{,}4\% \tag{1-11}$$

como $\overline{OB} = \varepsilon_B$, $\varepsilon_B = 0{,}4\%$.

Substituindo os valores de ε_B e L na equação (1-10):

$$\delta_B = 0{,}004 \times 1000mm = 4\,mm \tag{1-12}$$

1.8 - Exemplo 3

Seja uma barra com diâmetro $D = 10$ mm e comprimento $L = 1$ m (Figura 1-17), cujo material é uma liga de aço SM490 (KAMAYA, 2016) com a curva de Ramberg-Osgood mostrada na Figura 1-18 e com os parâmetros da Equação (1-2) dados por:

$\sigma_0 = 365\,MPa$, $E = 208\,GPa$, $\alpha = 6{,}92$ e $n = 4{,}46$.

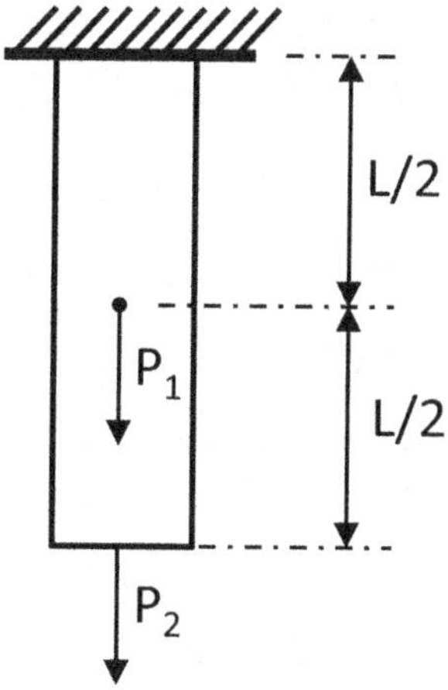

Figura 1-17: Modelo do exemplo 3.

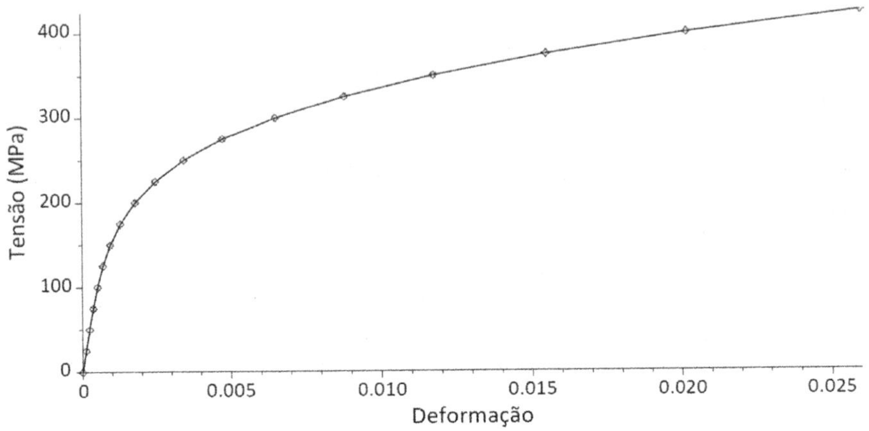

Figura 1-18: Curva de Ramberg-Osgood do aço SM490 (KAMAYA, 2016).

A barra suporta uma carga $P_1 = 50\, kN$ e uma carga $P_2 = 25\, kN$ conforme mostrado na Figura 1-17. Determinar o alongamento da barra sob a ação das cargas P_1 e P_2.

Solução

As cargas P_1 e P_2 ocasionam uma tensão σ_1 na metade superior da barra igual a:

$$\sigma_1 = \frac{(P_1 + P_2)}{A} = \frac{(P_1 + P_2)}{\frac{\pi D^2}{4}} = 373\, MPa \tag{1-13}$$

Enquanto na metade inferior da barra a tensão σ_2 é igual a:

$$\sigma_2 = \frac{P_2}{A} = \frac{P_2}{\frac{\pi D^2}{4}} = 124\, MPa \tag{1-14}$$

Utilizando a equação de Ramberg-Osgood na metade superior da barra, obtém-se a deformação correspondente à tensão σ_1:

$\varepsilon_1 = 0{,}015$

Analogamente, para a tensão σ_2:

$\varepsilon_2 = 0{,}001$

O alongamento total da barra será dado por:

$$\delta = (\varepsilon_1 + \varepsilon_2)L = 0{,}016\, m \qquad (1\text{-}15)$$

2. Teoria da Plasticidade

Neste capítulo são apresentados os aspectos fenomenológicos e principais conceitos do fenômeno da plasticidade, como função, critério de escoamento lei de escoamento e leis de endurecimento. Esses conceitos serão necessários para o estabelecimento de um modelo elastoplástico.

2.1 - Introdução

Na teoria da plasticidade, os sólidos submetidos a um determinado carregamento terão uma deformação permanente ou plástica após o descarregamento. A deformação plástica será considerada como gerada instantaneamente, ou seja, independente do tempo. Adicionalmente, o campo de estudo será restrito às deformações infinitesimais.

Diversos materiais de interesse para a Engenharia podem ter o seu comportamento físico descrito pela teoria da plasticidade: rochas, metais, solos e concretos são alguns exemplos.

No presente capítulo, os aspectos fenomenológicos da plasticidade serão abordados utilizando um modelo unidimensional que terá sua formulação discutida. Em seguida serão discutidos os conceitos de função e critério de escoamento para um material plástico perfeito, seguidos pelas definições de endurecimento, lei de escoamento e lei de endurecimento. Esses conceitos serão fundamentais para a definição das equações governantes da plasticidade em um modelo elastoplástico.

2.2 - Aspectos Fenomenológicos

A teoria da plasticidade é de natureza fenomenológica, ou seja, essa teoria é uma formalização de observações experimentais do comportamento macroscópico de um corpo deformável.

De acordo com CHEN e HAN (1988), a teoria da plasticidade e sua aplicação devem lidar com dois aspectos importantes:

1. Desenvolvimento de relações de tensão-deformação para materiais elastoplásticos invíscidos, levando em conta os fenômenos de endurecimento e de amolecimento;
2. Procedimento geral para solução numérica das equações do problema estrutural elastoplástico em questão, sob a ação de carregamentos ou deslocamentos.

Ainda com relação ao segundo item, devido à natureza não-linear das relações de tensão-deformação dos problemas elastoplásticos, a solução numérica das equações deve ser feita com um método adequado, sendo, neste caso, o Método dos Elementos Finitos (MEF) o mais utilizado.

Os aspectos fenomenológicos da teoria da plasticidade são observados em diferentes materiais, como rochas, metais e solos. No entanto, esses aspectos são devidos a diferentes mecanismos microscópicos em cada tipo de material. Por esta razão, ensaios experimentais adequados para cada tipo de material devem ser realizados nas determinações das respectivas curvas de tensão-deformação. Os solos, por exemplo, não possuem resistência à tração, sendo necessário um ensaio de compressão triaxial ou de cisalhamento direto para determinação da resistência ao cisalhamento do solo.

2.3 - Modelo Constitutivo Unidimensional

Como visto anteriormente, o comportamento elastoplástico da tensão-deformação de um material é de natureza não-linear. Por este motivo, um procedimento incremental é geralmente adotado na solução de um problema de deformação elastoplástica. No procedimento incremental, considera-se um incremento de deformação $d\varepsilon$ formado por duas parcelas: a parcela do incremento elástico de deformação, $d\varepsilon^e$ e a parcela do incremento plástico de deformação, $d\varepsilon^p$:

$$d\varepsilon = d\varepsilon^e + d\varepsilon^p \tag{2-1}$$

o incremento de tensão $d\sigma$ está relacionado ao incremento de deformação $d\varepsilon$ através da expressão abaixo:

$$d\sigma = E_t d\varepsilon \tag{2-2}$$

onde E_t é o módulo tangente ou módulo elastoplástico (E_{ep}), que varia durante o carregamento plástico, como mostrado na Figura 2-1:

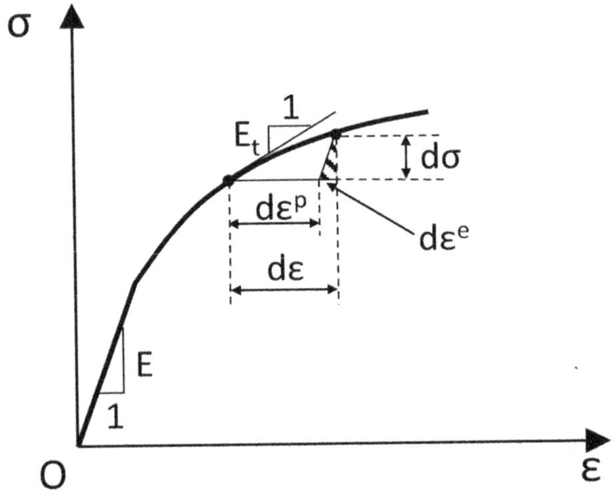

Figura 2-1 – Decomposição da deformação $d\varepsilon$.

O módulo plástico E_p, definido na curva de endurecimento (Figura 2-2), está presente na deformação plástica do material e relaciona os incrementos de tensão e deformação plásticos:

$$d\sigma = E_p d\varepsilon^p \tag{2-3}$$

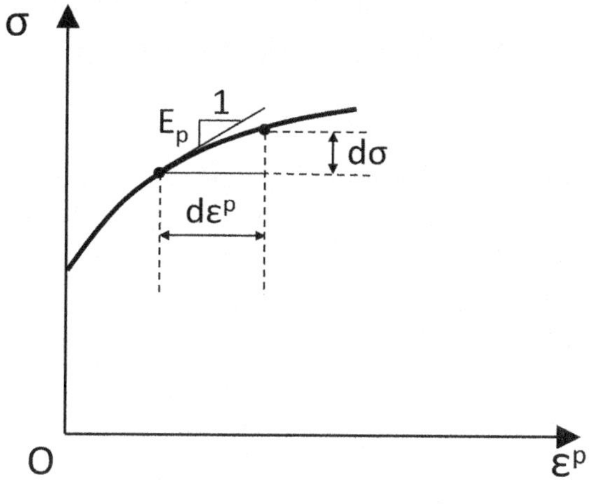

Figura 2-2 – Curva de endurecimento.

Finalmente, através da lei de Hooke, tem-se a expressão do incremento de tensão $d\sigma$ em função da parcela de deformação elástica $d\varepsilon^e$ (triângulo hachurado da Figura 2-1):

$$d\sigma = Ed\varepsilon^e \tag{2-4}$$

onde E é o módulo elástico.

Através das substituições das equações (2-2), (2-3) e (2-4) na equação (2-1), obtém-se uma expressão que relaciona os módulos E, E_t e E_p:

$$\frac{1}{E_t} = \frac{1}{E} + \frac{1}{E_p} \tag{2-5}$$

No caso unidimensional, o módulo plástico E_p é também denominado de módulo de endurecimento (H), podendo a equação (2-3) ser escrita como:

$$d\sigma = Hd\varepsilon^p \tag{2-6}$$

sendo H definido como:

$$H = E_p = \frac{E_t}{1 - \frac{E_t}{E}} \tag{2-7}$$

2.4 - Função e Critério de Escoamento para Material Plástico Perfeito

O critério de escoamento determina os limites elásticos de um material sob um determinado estado de tensões. No caso uniaxial, o limite elástico é facilmente identificado e determinado pela tensão de escoamento σ_0 (Figura 2-3).

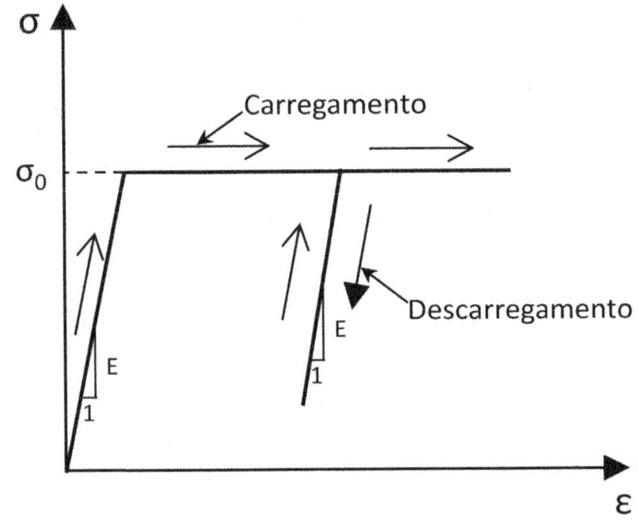

Figura 2-3: Gráfico tensão-deformação uniaxial para material plástico perfeito.

No caso multiaxial, a identificação do limite elástico não é tão simples quanto no caso uniaxial. Neste caso, para facilitar a identificação do limite elástico, a função de escoamento pode ser representada geometricamente no espaço de tensões por uma superfície (Figura 2-4).

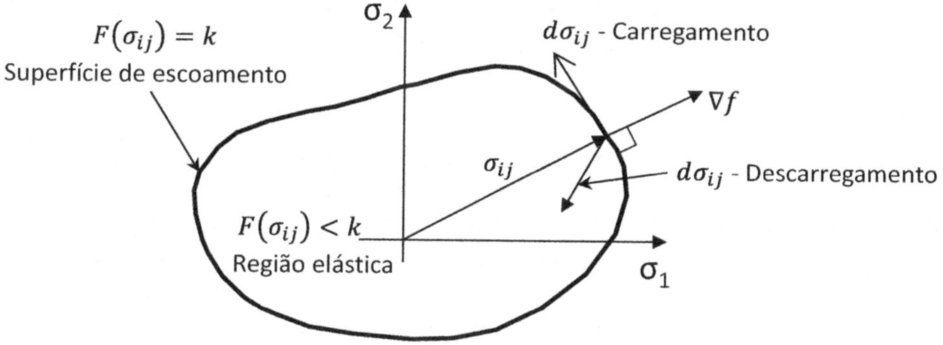

Figura 2-4: Gráfico tensão-deformação biaxial para material plástico perfeito com carregamento e descarregamento.

Matematicamente, a função de escoamento pode ser escrita da seguinte forma:

$$f(\sigma_{ij}, k_1, k_2, \dots) = 0 \tag{2-8}$$

ou

$$f(\boldsymbol{\sigma}, \boldsymbol{k}) = \boldsymbol{0} \tag{2-9}$$

onde $\boldsymbol{\sigma}$ é o tensor de tensões e $\boldsymbol{k}$ é o vetor de constantes do material, determinadas experimentalmente.

Em um material plástico perfeito, com uma função de escoamento dependente de um parâmetro k constante, a Equação (2-9) é simplificada para a seguinte forma:

$$f(\sigma_{ij}) = F(\sigma_{ij}) - k = 0 \tag{2-10}$$

Nos materiais isotrópicos, as tensões principais são suficientes para descrever o estado de tensões, podendo a função de escoamento ser escrita como:

$$f(\sigma_1, \sigma_2, \sigma_3, k_1, k_2, \cdots) = 0 \tag{2-11}$$

Em um material plástico perfeito sob um estado uniaxial de tensões, o parâmetro k é uma constante e igual a tensão de escoamento σ_0 (Figura 2-3). No estado multiaxial de tensões, a intepretação geométrica é que a superfície de escoamento está fixa no espaço de tensões (Figura 2-4).

Na Figura 2-4, o limite elástico do material está definido pela fronteira $F(\sigma_{ij}) = k$. Os estados de tensões possíveis são o conjunto de pontos localizados dentro do limite elástico ou sobre a superfície de escoamento.

2.5 - Critérios de Carregamento e Descarregamento

A determinação dos critérios (ou condições) de carregamento e descarregamento do material é importante para o cálculo do incremento de tensões, pois é necessário conhecer a relação constitutiva na qual um carregamento (elástico ou plástico) e descarregamento (elástico) está submetido. A determinação das condições de carregamento e descarregamento do caso uniaxial (Figura 2-3) é bastante simples quando comparada com a determinação das condições do caso multiaxial (Figura 2-4).

O entendimento dos critérios de carregamento e descarregamento é facilitado quando se interpreta geometricamente a função de escoamento f. Para exemplificar a determinação das condições de carregamento e descarregamento do caso multiaxial, seja um material no estado biaxial de tensões definido pelo vetor de tensão $\boldsymbol{\sigma}$ (Figura 2-4).

O acréscimo infinitesimal de um incremento de tensões $d\sigma_{ij}$ (carregamento adicional), ocasionará deformações plásticas adicionais se este incremento $d\sigma_{ij}$ estiver localizado tangencialmente à superfície de escoamento (Equação (2-12)).

No descarregamento, o estado de tensões estará dentro da região elástica e não ocasionará deformações plásticas adicionais no material (Equação (2-13)).

De acordo com essas considerações, a verificação de carregamento e descarregamento para um material plástico-perfeito sob um estado multiaxial de tensões pode ser resumida abaixo:

Carregamento no estado plástico:

$$d\varepsilon^p > 0 \quad se \quad f(\sigma_{ij}, k) = 0 \quad e \quad df = 0 \tag{2-12}$$

A partir do estado plástico, o descarregamento no estado elástico será dado por:

$$d\varepsilon^p = 0 \quad se \quad f(\sigma_{ij}, k) < 0 \quad e \quad df < 0 \tag{2-13}$$

onde:

$$df(\sigma_{ij}, d\sigma_{ij}) = \frac{\partial f}{\partial \sigma_{ij}} d\sigma_{ij} = \nabla f^T d\boldsymbol{\sigma} \tag{2-14}$$

e

$$\nabla f = \begin{bmatrix} \dfrac{\partial f}{\partial \sigma_x} \\ \vdots \\ \dfrac{\partial f}{\partial \tau_{zx}} \end{bmatrix} \tag{2-15}$$

Conforme mostrado acima, a função de escoamento f é utilizada como critério para verificação de carregamento e por esta razão é também denominada de função de carregamento.

A Equação (2-14) é a diferencial total da função f, também denominada de condição de consistência. Em materiais com comportamento plástico-perfeito, o parâmetro k é constante e a diferencial total da função f é dependente apenas de σ_{ij} e de $d\sigma_{ij}$. A implicação do parâmetro k ser constante é mais bem entendida ao se considerar um material plástico-perfeito sob um carregamento uniaxial, situação na qual $\sigma_0 = k$ (Figura 2-3).

No critério de carregamento (Equação (2-12)), a condição de consistência ser nula ($df = 0$), implica que um ponto do estado de tensões sobre a superfície de escoamento não se moverá para fora da superfície durante um carregamento plástico. A interpretação geométrica do critério de carregamento é mostrada na Figura 2-4: Seja o vetor do ponto no estado de tensões $\overrightarrow{\sigma_{ij}}$. O vetor $\overrightarrow{d\sigma_{ij}}$, que representa o incremento de carregamento no espaço de tensões, deve ser tangente à superfície de escoamento para que ocorram deformações plásticas no material.

No critério de descarregamento (Equação (2-13)), a condição de consistência $df < 0$, implica que o vetor $\overrightarrow{d\sigma_{ij}}$ apontará para dentro da superfície de escoamento (Figura 2-4). O critério de descarregamento também é utilizado para descrever o carregamento elástico e nesses dois critérios os incrementos de tensões e de deformações são elásticos, não ocasionando deformações permanentes no material (CARDOSO, 2005).

2.6 - Lei de Escoamento para Material Plástico Perfeito

Conforme será visto adiante, uma componente fundamental para a definição do modelo elastoplástico é a lei de escoamento. A lei de escoamento define a evolução da deformação plástica através da associação da função de potencial plástico $g\left(\sigma_{ij}, \varepsilon_{ij}^{p}, k\right)$, com a relação tensão-deformação de um material:

$$d\varepsilon_{ij}^{p} = d\lambda \frac{\partial g}{\partial \sigma_{ij}} \tag{2-16}$$

onde:

$d\lambda$ é uma função escalar que determina a magnitude do vetor $\boldsymbol{d\varepsilon^{p}}$ e que varia durante todo o processo de deformação. Esta função é denominada de parâmetro de carregamento ou multiplicador plástico e só assume valores diferentes de zero na existência de deformações plásticas, ou seja: $\boldsymbol{d\lambda}$ só assumirá valores diferentes de zero se o material tiver alcançado o escoamento plástico.

$\frac{\partial g}{\partial \sigma_{ij}}$ é o gradiente que determina a direção do vetor $\boldsymbol{d\varepsilon^{p}}$.

Uma forma mais simples da Equação (2-16) é obtida quando a função de escoamento coincide com a função de potencial plástico:

$$d\varepsilon_{ij}^{p} = d\lambda \frac{\partial f}{\partial \sigma_{ij}} \tag{2-17}$$

sendo a Equação (2-17) denominada de regra de escoamento associativa, pois neste caso $f = g$. Quando $f \neq g$, a regra de escoamento é denominada de não-associativa (Equação (2-16)).

2.7 - Amolecimento e Endurecimento

Conforme visto no início deste capítulo, o amolecimento e o endurecimento (ou encruamento) são aspectos fenomenológicos importantes e presentes na plasticidade.

O fenômeno do amolecimento é caracterizado por uma diminuição das tensões suportadas pelo material após atingir a tensão máxima ou última (Figura 2-5). Outra característica importante deste fenômeno é que a tangente da curva é negativa após o ponto de tensão máxima. O amolecimento pode ocorrer em materiais como concretos, solos e rochas.

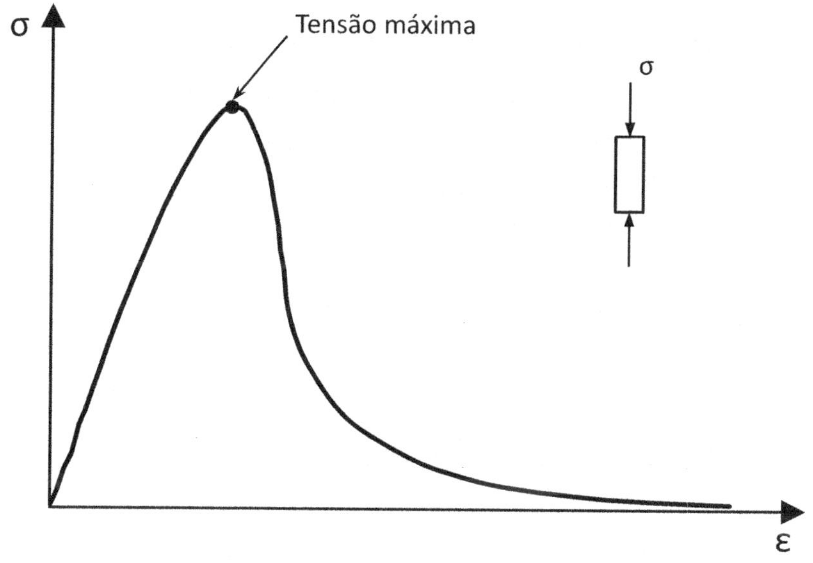

Figura 2-5: Gráfico tensão-deformação de ensaio de compressão representativo de um concreto.

No fenômeno do endurecimento, há um aumento de tensão suportada pelo material após a ocorrência de deformação plástica. Este fenômeno de aumento da resistência do material, leva a mudanças do tamanho e da forma da superfície de escoamento durante o carregamento plástico.

Para o desenvolvimento de uma lei de plasticidade que considere o endurecimento ou encruamento de materiais isotrópicos, os seguintes itens são necessários:

1. Superfície inicial de escoamento que tenha o limite elástico do material definido para um estado multiaxial de tensões;

2. Leis de endurecimento que durante o processo de carregamento descrevam a evolução da superfície de escoamento;

3. Lei de escoamento para relacionar a função de potencial plástico com a direção e o valor da deformação plástica no espaço de tensões.

Com relação ao item 2, as leis de endurecimento são responsáveis por caracterizar a dependência da tensão de escoamento com o histórico de deformações plásticas do corpo.

Para facilitar o estudo das leis de endurecimento, a função de carregamento será escrita como:

$$f\left(\sigma_{ij}, \varepsilon_{ij}^{p}, k\right) = F\left(\sigma_{ij}, \varepsilon_{ij}^{p}\right) - k^2(\boldsymbol{\varepsilon}_p) \tag{2-18}$$

onde o parâmetro de endurecimento k^2 define o tamanho da superfície de escoamento e a função $F\left(\sigma_{ij}, \varepsilon_{ij}^{p}\right)$ a forma desta superfície. A definição da deformação plástica efetiva $\boldsymbol{\varepsilon}_p$ será abordada com mais detalhes posteriormente.

2.8 - Superfície de Carregamento

A superfície de carregamento é a superfície de escoamento de um material elastoplástico que foi deformado. Essa superfície define o limite da região elástica, e se um ponto de tensão estiver dentro da região elástica, não existirão novas deformações plásticas. Outra posição possível é aquela na qual o ponto de tensão está localizado no limite da região elástica e na iminência de ir para fora da superfície de carregamento. Nesse caso, ocorrerão novas deformações plásticas juntamente com a mudança da superfície de escoamento atual.

Em face do exposto anteriormente, a superfície de carregamento pode ser expressa matematicamente como uma função do estado atual de tensões, deformações e de um parâmetro de endurecimento k:

$$f\left(\sigma_{ij}, \varepsilon_{ij}^{p}, k\right) = 0 \tag{2-19}$$

Devido à dependência da função $f\left(\sigma_{ij}, \varepsilon_{ij}^{p}, k\right)$ com o carregamento aplicado, faz-se necessário definir um critério de carregamento/descarregamento para um material com endurecimento. No caso unidimensional, as definições de carregamento e descarregamento são facilmente visualizadas na Figura 2-6.

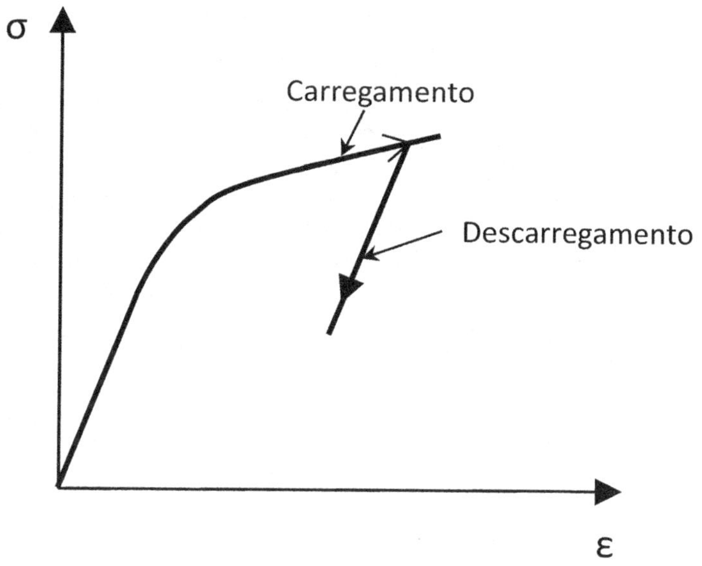

Figura 2-6: Critério de carregamento para material elastoplástico com endurecimento (caso uniaxial).

O estado de tensões multiaxial, no entanto, não tem um critério de carregamento/descarregamento tão evidente. Por esta razão, assim como foi feito no estudo dos materiais com comportamento plástico-perfeito, interpretações geométricas serão dadas à superfície de carregamento f para facilitar o entendimento dos critérios de carregamento e de descarregamento (Figura 2-7).

Em um estado de tensões multiaxial de um material com endurecimento, o carregamento plástico só ocorrerá quando o ponto de tensões estiver localizado na superfície de escoamento e os incrementos infinitesimais de tensão direcionados para fora da região elástica. Consequentemente, a utilização de um vetor $\boldsymbol{n}^f$ normal à superfície de carregamento é necessária para definir os critérios de carregamento e descarregamento:

$$n_{ij}^f = \frac{\dfrac{\partial f}{\partial \sigma_{ij}}}{\left(\dfrac{\partial f}{\partial \sigma_{kl}} \dfrac{\partial f}{\partial \sigma_{kl}}\right)^{1/2}} \qquad (2\text{-}20)$$

O vetor $\boldsymbol{n}^f$ e os critérios de carregamento para o endurecimento multiaxial são representados graficamente na Figura 2-7:

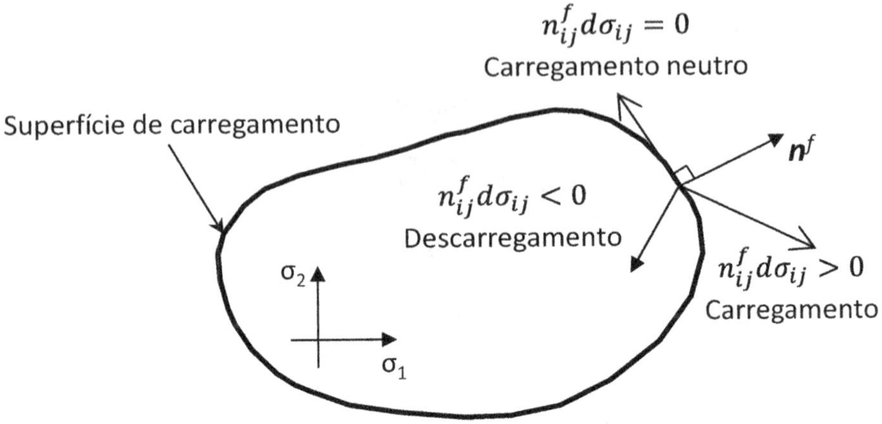

Figura 2-7: Critério de carregamento para material elastoplástico com endurecimento (caso biaxial).

Os critérios de carregamento e descarregamento podem ser expressos da seguinte forma para um material com endurecimento:

Carregamento plástico (ângulo agudo entre os vetores n_{ij}^f e $d\sigma_{ij}$):

$$d\boldsymbol{\varepsilon}^p \neq 0 \ \ se \ \ f = 0 \ \ e \ \ \boldsymbol{n}^{f^T} d\boldsymbol{\sigma} > 0 \tag{2-21}$$

Descarregamento ou carregamento elástico (ângulo obtuso entre os vetores n_{ij}^f e $d\sigma_{ij}$):

$$d\boldsymbol{\varepsilon}^p = 0 \ \ se \ \ f < 0 \ \ e \ \ \boldsymbol{n}^{f^T} d\boldsymbol{\sigma} < 0 \tag{2-22}$$

Carregamento neutro (ângulo reto entre n_{ij}^f e $d\sigma_{ij}$). Nesta situação não ocorrem deformações plásticas adicionais:

$$d\boldsymbol{\varepsilon}^p = 0 \ \ se \ \ f = 0 \ \ e \ \ \boldsymbol{n}^{f^T} d\boldsymbol{\sigma} = 0 \tag{2-23}$$

No caso de um material plástico-perfeito (Figura 2-4), não há o caso do carregamento neutro.

2.9 - Leis de Endurecimento

A lei de endurecimento define a modificação da superfície de escoamento inicial durante o escoamento plástico do material.

A seguir serão detalhadas as leis de endurecimento mais utilizadas: leis de endurecimento isotrópico, endurecimento cinemático e endurecimento misto, que é uma combinação das leis de endurecimento isotrópico e cinemático.

O endurecimento isotrópico ocorre quando a superfície de escoamento aumenta sem distorção ou translação durante o carregamento plástico (Figura 2-8).

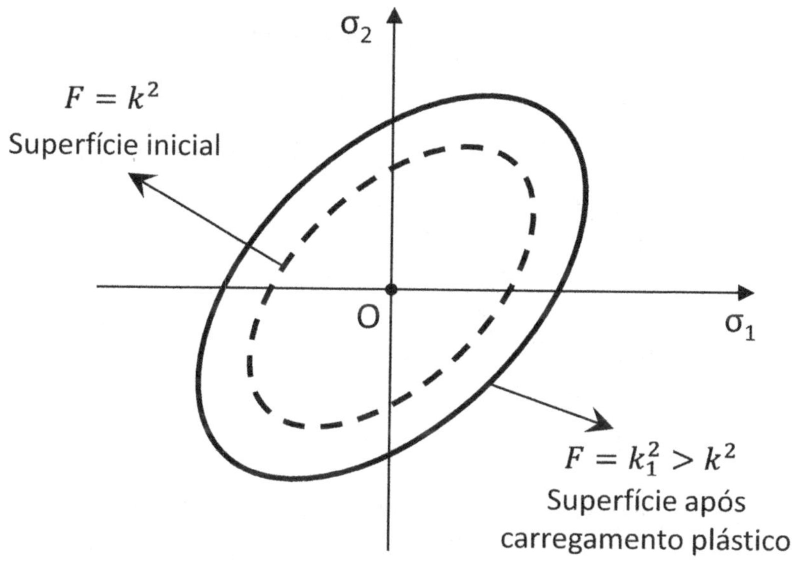

Figura 2-8: Endurecimento isotrópico.

A equação da superfície de escoamento, após o escoamento plástico, pode ser definida genericamente como:

$$F(\sigma_{ij}) = k^2(\varepsilon_p) \tag{2-24}$$

O endurecimento isotrópico é mais adequado para casos de carregamentos monotônicos sem reversão de tensões.

Conforme visualizado na Figura 2-8, a superfície de escoamento expande uniformemente (ou isotropicamente) sem levar em conta o efeito de Bauschinger: efeito no qual uma deformação plástica inicial com um determinado sinal reduz a resistência do material caso haja uma nova deformação plástica de sinal contrário. O efeito de Bauschinger, observado em diversos materiais estruturais, é um tipo de anisotropia direcional ocasionada por deformação plástica.

No caso uniaxial, o efeito de Bauschinger é representado na Figura 2-9.

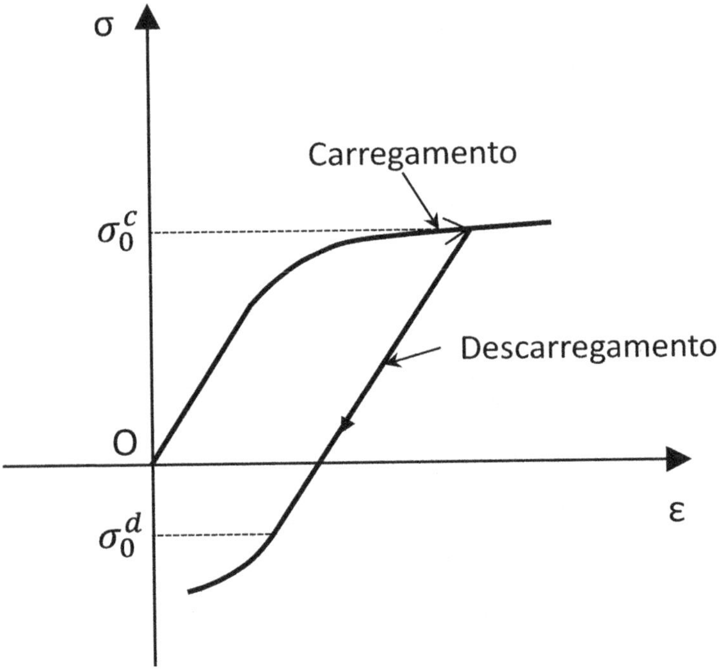

Figura 2-9: Curva tensão-deformação com efeito de Baucshinger para estado de tensões uniaxial.

Na Figura 2-9 observa-se que a tensão de escoamento do carregamento é maior do que a tensão de escoamento do descarregamento ($\sigma_0^c > \sigma_0^d$).

Conclui-se, portanto, que a utilização de um modelo de endurecimento que considere o efeito de Bauschinger é necessária para a representação adequada de materiais estruturais. O modelo de endurecimento cinemático é o modelo mais simples que considera o efeito de Bauschinger (Figura 2-10).

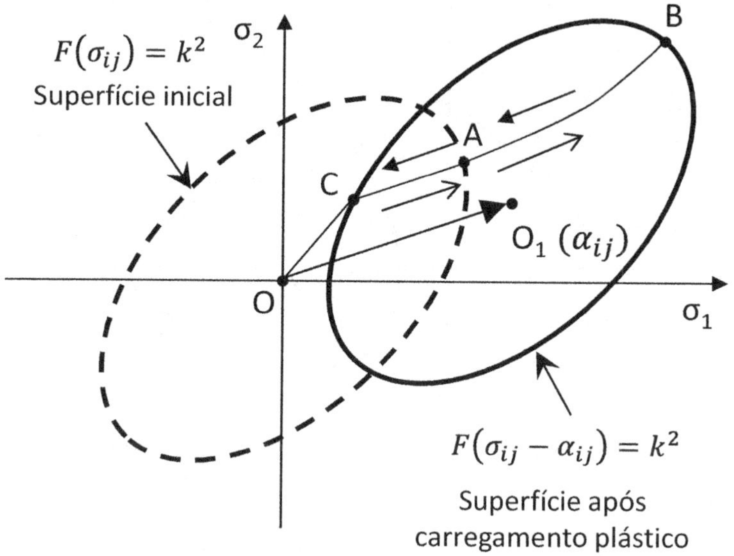

Figura 2-10: Superfícies de escoamento e carregamento-descarregamento para modelo de endurecimento cinemático.

No trajeto de carregamento entre o ponto "A" e "B", a nova superfície se desloca como um corpo rígido possuindo um centro O_1 com coordenadas α_{ij}. No trajeto do descarregamento (trajetória *BACO*), o material comporta-se elasticamente entre o ponto "B" e "C". No ponto "C", o material escoa novamente, mas com uma tensão menor do que aquela apresentada durante o carregamento no ponto "A" (efeito de Bauschinger).

A equação da superfície de carregamento para o endurecimento cinemático pode ser escrita genericamente como:

$$f\left(\sigma_{ij}, \varepsilon_{ij}^{p}\right) = F\left(\sigma_{ij} - \alpha_{ij}\right) - k^2 = 0 \qquad (2\text{-}25)$$

No endurecimento cinemático ocorre uma translação (semelhante a um corpo rígido) da superfície de escoamento mantendo o tamanho, forma e orientação da superfície inicial (Figura 2-11).

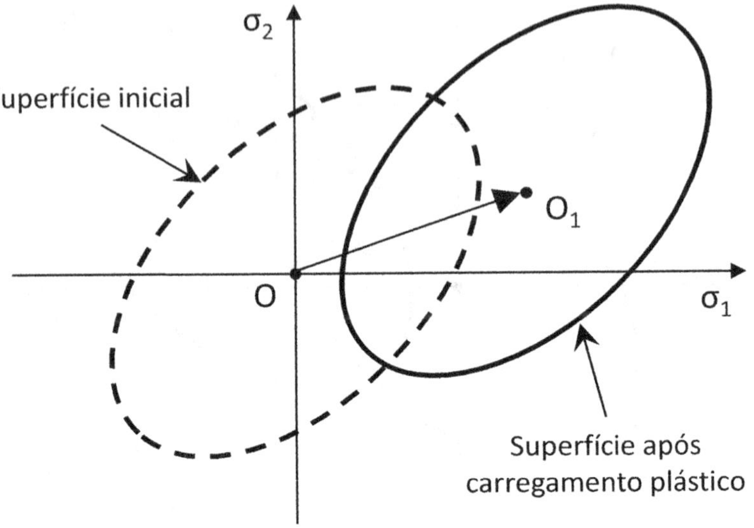

Figura 2-11: Endurecimento cinemático.

Os modelos isotrópico e cinemático são mais facilmente entendidos através de gráficos tensão-deformação uniaxiais (Figura 2-12).

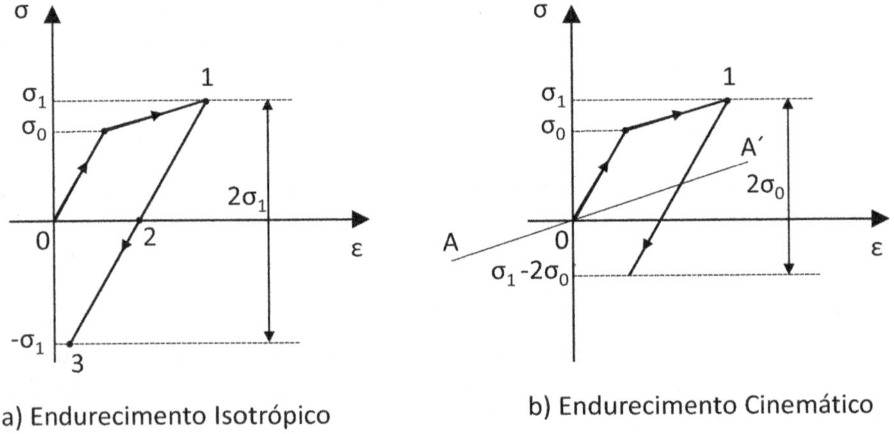

Figura 2-12: Diagramas de tensão-deformação uniaxiais de endurecimentos isotrópico e cinemático.

Observa-se que durante o descarregamento no modelo isotrópico, o material atingirá um novo escoamento quando a tensão $-\sigma_1$ for alcançada, o que ocasiona uma variação de tensão $\Delta\sigma = 2\sigma_1$. Portanto, $|\overline{12}| = |\overline{23}|$, desconsiderando o efeito de Bauschinger.

No endurecimento cinemático, o novo escoamento ocorrerá quando a tensão $(\sigma_1 - 2\sigma_0)$ for alcançada, ocasionando uma variação de tensão $\Delta\sigma = 2\sigma_0$. O centro da região elástica do modelo move-se ao longo da reta $\overline{AA'}$, considerando o efeito de Bauschinger. O modelo cinemático é, portanto, um modelo plástico-perfeito com deslocamento da origem da superfície de escoamento, conforme mostrado na Figura 2-10.

O último tipo de endurecimento é uma combinação dos endurecimentos isotrópico e cinemático, sendo denominado de endurecimento misto. Na superfície de escoamento do endurecimento misto podem ocorrer distorções e translações (Figura 2-13).

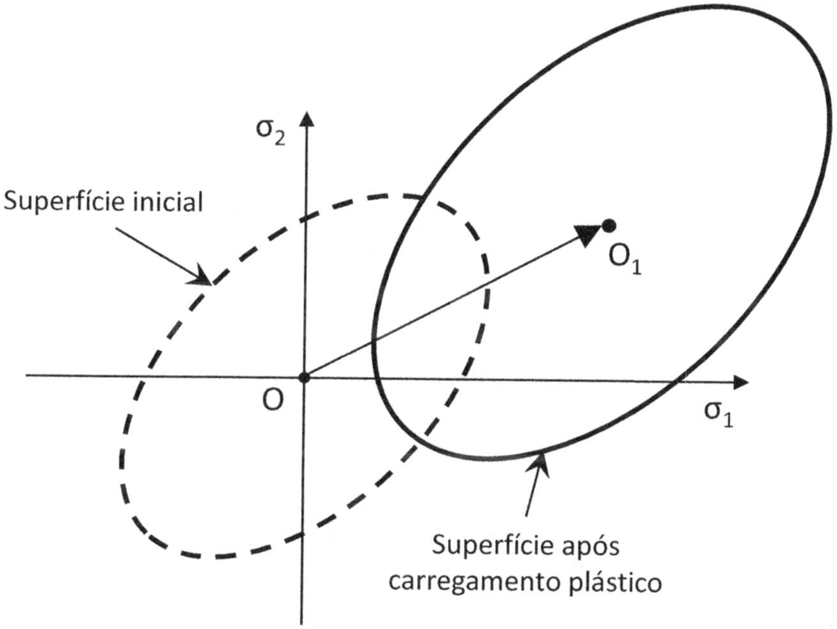

Figura 2-13: Endurecimento misto.

A equação da superfície de carregamento é definida genericamente nesse caso como:

$$f\left(\sigma_{ij}, \varepsilon_{ij}^{p}, k\right) = F\left(\sigma_{ij} - \alpha_{ij}\right) - k^2\left(\varepsilon_p\right) = 0 \qquad (2\text{-}26)$$

A translação da superfície é definida pelas coordenadas α_{ij} e a sua expansão por $k^2(\varepsilon_p)$. O efeito de Bauschinger pode também ser representado pela equação (2-26), através do ajuste dos parâmetros α_{ij} e $k^2(\varepsilon_p)$.

2.10 - Lei de Escoamento para Material com Endurecimento

Assim como no caso do material plástico perfeito, a lei de escoamento também estabelece uma relação entre a função de potencial plástico $g\left(\sigma_{ij}, \varepsilon_{ij}^{p}, k\right)$ e a relação tensão-deformação de um material com endurecimento:

$$d\varepsilon_{ij}^{p} = d\lambda \frac{\partial g}{\partial \sigma_{ij}} \qquad (2\text{-}27)$$

Da mesma forma do material plástico-perfeito, a lei de escoamento é denominada de associada se $f = g$, fazendo com que a equação (2-27) seja escrita como:

$$d\varepsilon_{ij}^{p} = d\lambda \frac{\partial f}{\partial \sigma_{ij}} \qquad (2\text{-}28)$$

Geralmente, em problemas de Engenharia, utiliza-se a lei de escoamento associada devido à falta de dados experimentais para a função de potencial plástico.

2.11 - Exemplo 1

A norma NBR 6118/2014 estabelece para cálculo nos estados-limites de serviço e último, o seguinte diagrama tensão-deformação para aços de armaduras ativas utilizados em estruturas de concreto protendido (Figura 2-14):

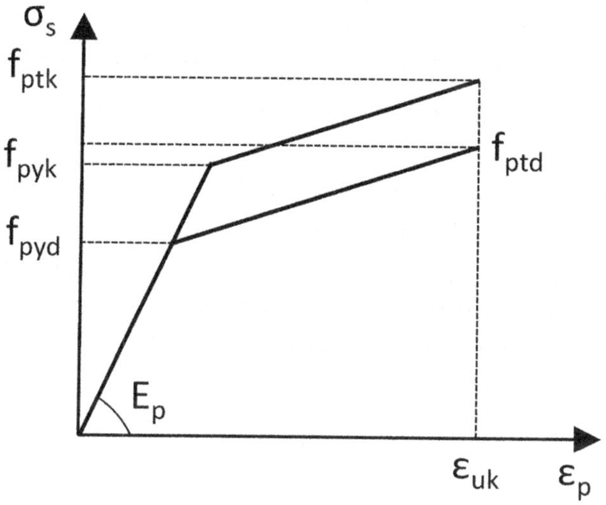

Figura 2-14: Diagrama tensão-deformação para aços de armaduras ativas (NBR 6118/2014).

onde:

f_{pyk} = Valor característico da resistência ao escoamento convencional;

f_{ptk} = Valor característico da resistência à tração;

f_{pyd} = Resistência de cálculo ao escoamento convencional;

f_{ptd} = Resistência de cálculo à tração;

ε_{uk} = Alongamento após ruptura;

E_p = Valor médio do módulo de elasticidade do aço de protensão.

Ainda de acordo com a NBR 6118/2014, a massa específica do aço de armadura ativa pode ter o valor de $7850\ kg/m^3$ adotado. Com relação ao valor do módulo de elasticidade E_p, pode-se considerá-lo igual a $200\ GPa$ para fios e cordoalhas na falta de dados específicos fornecidos pelo fabricante ou obtidos por intermédio de ensaios.

Observa-se na Figura 2-14 que os aços de armaduras ativas não possuem patamar de escoamento definido, apresentando endurecimento.

Os aços para armaduras ativas podem ser de dois tipos (HANAI, 2005):

Aços aliviados ou de Relaxação Normal (RN): Aços retificados através de tratamento térmico para aliviar as tensões internas de trefilação;

Aços estabilizados ou de Baixa Relaxação (RB): Aços com uma estabilização que é um envelhecimento acelerado para aliviar as tensões residuais da trefilação com o objetivo de diminuir a perda de carga por relaxação e aumentar o limite de elasticidade do aço.

A nomenclatura dos aços para armaduras ativas é apresentada através do seguinte exemplo:

Aço CP 170 RB: Aço para concreto protendido de resistência f_{ptk} mínima igual a $170\ kgf/mm^2$ de relaxação baixa.

Verificar as propriedades do aço para armadura ativa CP 170 RB e comparar com as recomendações da norma NBR 6118/2014 para o caso no qual não há informações do fabricante ou resultados de ensaios disponíveis.

Solução

As propriedades (Tabela 2-1) fornecidas pelo fabricante são (ARCELOR MITTAL, 2020):

Tabela 2-1: Propriedades do fio CP 170 RB (ARCELOR MITTAL, 2020).

PROPRIEDADE	VALOR
Diâmetro nominal (mm)	7,0
Área aproximada (mm²)	38,5
Massa aproximada (kg/1000m)	302
Carga mínima de ruptura (kN)	64,5
Carga mínima a 1% de deformação (kN)	58,0
Alongamento após ruptura (%)	5,0
Valor médio do módulo de elasticidade (kN/mm²)	205 +/- 5%

Primeiramente será verificada a massa específica ρ. De acordo com os dados fornecidos:

$$\rho = 0{,}302\frac{kg}{m} \times \frac{1}{38{,}5 \times 10^{-6} m^2} = 7844\frac{kg}{m^3} \tag{2-29}$$

este valor é praticamente igual ao prescrito pela NBR 6118/2014 de $7850 \text{kg}/m^3$.

Para uma carga mínima de ruptura igual a $64{,}5\ kN$, o valor da resistência f_{ptk} será igual a:

$$f_{ptk} = 64{,}5 \times 10^3 N \times \frac{1}{38{,}5 \times 10^{-6} m^2} = 1675 MPa \cong 171 \frac{kgf}{mm^2} \quad (2\text{-}30)$$

como esperado, este valor era o esperado para a própria especificação do aço CP 170 RB. Observa-se que a resistência de $171\text{kgf}/mm^2$ é mais de três vezes maior do que a resistência característica f_{yk} do aço CA-50 ($50\text{kgf}/mm^2$), utilizado normalmente em estruturas de concreto armado.

Para a resistência f_{pyk} tem-se:

$$f_{pyk} = 58 \times 10^3 N \times \frac{1}{38{,}5 \times 10^{-6} m^2} = 1506 MPa \cong 154 \frac{kgf}{mm^2} \quad (2\text{-}31)$$

sendo este valor de f_{pyk} aproximadamente igual a $0{,}9 f_{ptk}$(HANAI, 2005).

Finalmente, o valor de $200\ GPa$ do módulo de elasticidade proposto pela norma NBR 6118/2014 está dentro do intervalo de $205 \pm 5\%\ GPa$ informado pelo fabricante.

2.12 - Exemplo 2

Uma liga de aço tem a relação tensão-deformação representada pela seguinte equação:

$$\sigma_p = \sigma_0 + m\varepsilon^p, \sigma \geq \sigma_0 \quad (2\text{-}32)$$

onde:

$\sigma_0 = 240\ MPa$;

$E = 210\ GPa$;

$m = 30\ GPa$.

Um corpo de prova com o material da liga de aço acima é submetido primeiramente a uma tração até atingir o ponto A, conforme a Figura 2-15. Posteriormente é descarregado até o ponto B e depois ao ponto C, atingindo uma deformação nula. Em seguida é recarregado até o ponto D e depois até o ponto E, retornando ao valor de deformação $\varepsilon = 0{,}005$.

Determinar as curvas de tensão-deformação para a lei de endurecimento isotrópico.

Solução

Considerando uma lei de endurecimento isotrópico, o gráfico tensão-deformação pode ser representado como:

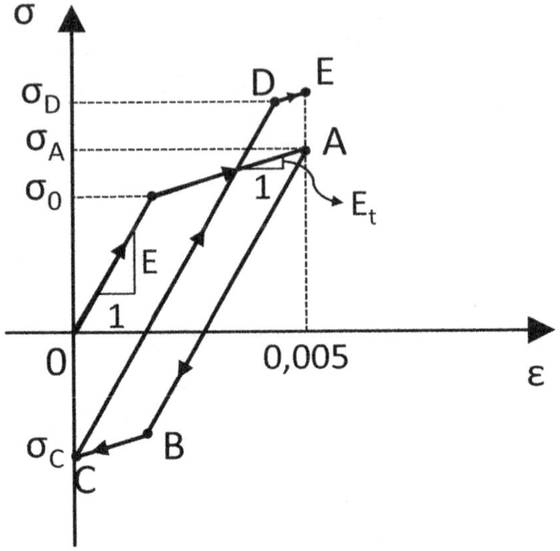

Figura 2-15: Gráfico tensão-deformação do Exemplo 2 para lei de endurecimento isotrópico.

Através da equação (2-3), conclui-se que $m = E_p$. O módulo tangente E_t é determinado pela equação (2-5):

$$E_t = \frac{1}{\left(\frac{1}{E} + \frac{1}{E_p}\right)} = 26{,}25\ GPa \tag{2-33}$$

A deformação ε_0 correspondente à tensão de escoamento é calculada da seguinte forma:

$$\varepsilon_0 = \frac{\sigma_0}{E} = 0{,}001 \tag{2-34}$$

A tensão σ_A é dada por:

$$\sigma_A = \sigma_0 + \Delta\sigma = \sigma_0 + E_t\Delta\varepsilon = \sigma_0 + E_t(0{,}005 - 0{,}001) = 341{,}2\ MPa \tag{2-35}$$

Conforme mostrado na Figura 2-12, no caso do endurecimento isotrópico:

$$\sigma_B = -\sigma_A = -\,341{,}2\ MPa \tag{2-36}$$

A deformação correspondente ε_B é igual a:

$$\varepsilon_B = \varepsilon_A - \frac{2\sigma_A}{E} = 0{,}002 \tag{2-37}$$

Para o ponto C tem-se:

$$\sigma_C = \sigma_B + E_t \Delta\varepsilon = \sigma_B + E_t(0 - \varepsilon_B) = -387{,}2\ MPa \tag{2-38}$$

No ponto D, analogamente ao Ponto B, devido ao endurecimento isotrópico, a tensão pode ser calculada da seguinte forma:

$$\sigma_D = -\sigma_C = 387{,}2\ MPa \tag{2-39}$$

Com a tensão correspondente igual a:

$$\varepsilon_D = \frac{2\sigma_D}{E} = 0{,}004 \tag{2-40}$$

Finalmente, no ponto E, tem-se $\varepsilon_E = 0{,}005$:

$$\sigma_E = \sigma_D + E_t \Delta\varepsilon = \sigma_D + E_t(0{,}005 - \varepsilon_D) = 421{,}6\ MPa \tag{2-41}$$

2.13 - Exemplo 3

Determinar as curvas de tensão-deformação com os dados do Exemplo 2 para a lei de endurecimento cinemático.

Solução

No endurecimento cinemático, o efeito de Bauschinger é considerado. Diferentemente do endurecimento isotrópico, no endurecimento cinemático, as regiões elásticas $\overline{AB}$ e $\overline{CD}$ possuem o mesmo comprimento, sendo, portanto, a variação máxima de tensão constante e igual a $2\sigma_0$ (Figura 2-16).

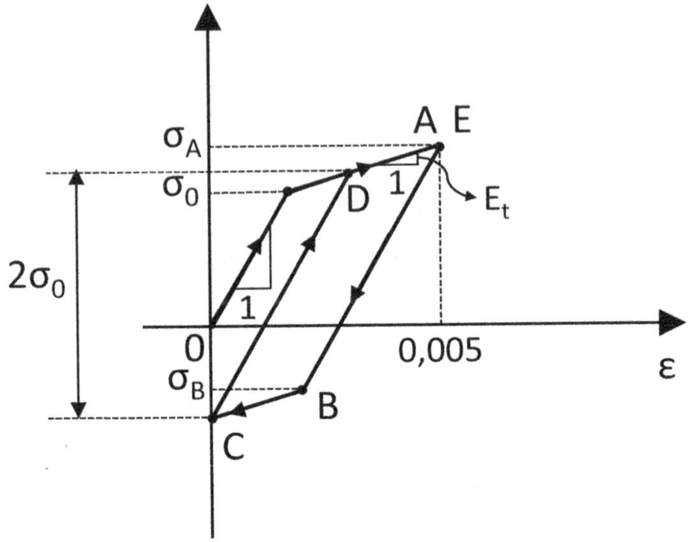

Figura 2-16: Gráfico tensão-deformação do Exemplo 3 para lei de endurecimento cinemático.

Para o ponto B, tem-se:

$$\sigma_B = \sigma_A - 2\sigma_0 = -131{,}8\ MPa \tag{2-42}$$

$$\varepsilon_B = \varepsilon_A - \frac{2\sigma_0}{E} = 0{,}003 \tag{2-43}$$

No ponto C:

$$\sigma_C = \sigma_B + E_t\Delta\varepsilon = \sigma_B + E_t(0 - 0{,}003) = -210\ MPa \tag{2-44}$$

$$\varepsilon_C = 0 \tag{2-45}$$

No ponto D:

$$\sigma_D = \sigma_C + 2\sigma_0\Delta\varepsilon = 270\ MPa \tag{2-46}$$

$$\varepsilon_D = \frac{2\sigma_0}{E} = 0{,}002 \tag{2-47}$$

Finalmente, para o ponto E:

$$\sigma_E = \sigma_D + E_t \Delta\varepsilon = \sigma_D + E_t(\varepsilon_E - \varepsilon_D) = 341{,}2\ MPa \qquad (2\text{-}48)$$

3. Critérios de Escoamento

Neste capítulo é apresentada inicialmente a definição matemática e geral do critério de escoamento, sendo em seguida apresentados dois critérios específicos bastante utilizados nas Engenharias Estrutural e Geotécnica: os critérios de von Mises e de Mohr-Coulomb.

3.1 - Introdução

Na teoria da plasticidade, o critério de escoamento define o limite no qual o material passa a ter um comportamento plástico. No caso dos metais, a teoria utilizada para descrever o escoamento plástico é simplificada, pois os metais são geralmente materiais incompressíveis, ou seja, sua densidade não sofre alteração conforme se deformam. Adicionalmente, os metais possuem boas aproximações do comportamento plástico ao utilizar leis de escoamento associadas. Materiais granulares como solos, rochas e concretos não são em sua maioria incompressíveis e por essa razão a teoria utilizada para descrever os seus escoamentos plásticos é mais complexa.

Neste capítulo, o critério de escoamento será explicado com mais detalhes e alguns critérios de escoamento bastante utilizados na Engenharia Estrutural e na Geotecnia serão apresentados.

3.2 - Critérios de Escoamento Específicos

Um critério de escoamento deve ser definido de forma que seja independente do sistema de coordenadas escolhido para a definição das tensões. Em um ensaio uniaxial de tensões, o limite elástico do material é facilmente definido pela tensão de escoamento σ_0:

$$\sigma_x - \sigma_0 = 0 \tag{3-1}$$

Na equação (3-1), considera-se que o corpo está alinhado em um sistema de coordenadas no qual todas as componentes de tensão, com exceção de σ_x, são iguais a zero. Uma solução para contornar as limitações de mudanças no sistema de coordenadas é utilizar invariantes, que são quantidades que não variam com o sistema de coordenadas. Desta forma, inicialmente iremos definir o critério de escoamento como:

$$f(\sigma_1, \sigma_2, \sigma_3, \alpha_1, \dots, \alpha_n) = 0 \text{ ou}$$
$$f(\boldsymbol{\sigma}, \boldsymbol{\alpha}) = \mathbf{0} \tag{3-2}$$

onde σ_1, σ_2 e σ_3 são as tensões principais e $\alpha_1, \cdots, \alpha_n$ são parâmetros específicos do material.

O invariante do tensor de tensões I_1 e o invariante das tensões desviadoras J_2 são úteis no estabelecimento de critérios de escoamento e por esta razão serão definidos a seguir.

O primeiro passo será definir o tensor de tensões como sendo formado pela soma de duas parcelas: uma parcela denominada de tensor de tensões esférico ou tensor de tensões hidrostático e outra parcela denominada de tensor de tensões desviadoras.

O tensor de tensões hidrostático é composto pelos elementos $p\delta_{ij}$:

$$p\delta_{ij} = \begin{bmatrix} p & 0 & 0 \\ 0 & p & 0 \\ 0 & 0 & p \end{bmatrix} \tag{3-3}$$

onde p é a tensão média, definida como:

$$p = \frac{1}{3}\sigma_{kk} = \frac{1}{3}\left(\sigma_x + \sigma_y + \sigma_z\right) = \frac{1}{3}I_1 \tag{3-4}$$

Como a grandeza p é a mesma em qualquer orientação de eixos, p é denominada de pressão hidrostática ou tensão esférica.

Os componentes do tensor de tensões desviadoras s_{ij} são obtidos através da diferença entre o tensor de tensões e o tensor de tensões hidrostático:

$$s_{ij} = \sigma_{ij} - p\delta_{ij} \tag{3-5}$$

onde:

$$s_{ij} = \begin{bmatrix} s_x & s_{xy} & s_{xz} \\ s_{yx} & s_y & s_{yz} \\ s_{zx} & s_{zy} & s_z \end{bmatrix} = \begin{bmatrix} (\sigma_x - p) & \tau_{xy} & \tau_{xz} \\ \tau_{yx} & (\sigma_y - p) & \tau_{yz} \\ \tau_{zx} & \tau_{zy} & (\sigma_z - p) \end{bmatrix} \tag{3-6}$$

$\delta_{ij} = 0$ e $s_{ij} = \tau_{ij}$ para $i \neq j$.

As direções principais não são alteradas ao subtrair-se uma constante em todas as direções. Por esta razão, o tensor de tensões desviadoras pode ser reescrito como:

$$s_{ij} = \begin{bmatrix} \sigma_1 - p & 0 & 0 \\ 0 & \sigma_2 - p & 0 \\ 0 & 0 & \sigma_3 - p \end{bmatrix} \tag{3-7}$$

ou

$$s_{ij} = \begin{bmatrix} \frac{2\sigma_1 - \sigma_2 - \sigma_3}{3} & 0 & 0 \\ 0 & \frac{2\sigma_2 - \sigma_3 - \sigma_1}{3} & 0 \\ 0 & 0 & \frac{2\sigma_3 - \sigma_1 - \sigma_2}{3} \end{bmatrix} \tag{3-8}$$

Finalmente, define-se J_2 como:

$$J_2 = \frac{1}{2} s_{ij} s_{ji} =$$

$$= \frac{1}{6}[(\sigma_1 - \sigma_2)^2 + (\sigma_2 - \sigma_3)^2 + (\sigma_3 - \sigma_1)^2] \tag{3-9}$$

$$= \frac{1}{6}\left[(\sigma_x - \sigma_y)^2 + (\sigma_y - \sigma_z)^2 + (\sigma_z - \sigma_x)^2\right] + \tau_{xy}^2 + \tau_{yz}^2 + \tau_{zx}^2$$

Conclui-se que para estabelecer um critério de escoamento, não se pode utilizar o tensor de tensões, mas propriedades dele que não se alteram com a mudança das coordenadas: os invariantes I_1 e J_2. Maiores detalhes podem ser encontrados em CHEN e HAN, 1988.

3.3 - Critério de Escoamento de von Mises

Neste critério, criado por von Mises em 1913, bastante utilizado para metais, o material começa a deformar plasticamente quando o segundo invariante do tensor de tensões desviadoras J_2, alcança um valor crítico:

$$f(J_2) = J_2 - k^2 = 0 \tag{3-10}$$

onde k é a tensão de escoamento no cisalhamento puro. Considerando um estado uniaxial de tensões ($\sigma_1 = \sigma_0, \sigma_2 = \sigma_3 = 0$), determina-se o valor de k:

$$k = \frac{\sigma_0}{\sqrt{3}} \tag{3-11}$$

Reescrevendo a Equação (3-10) em função das componentes de tensões e de σ_0:

$$f(J_2) = f(\boldsymbol{\sigma}) = J_2 - k^2 = \sqrt{J_2} - k = 0$$

$$f(\boldsymbol{\sigma}) = \sqrt{J_2} - \frac{\sigma_0}{\sqrt{3}} = \sqrt{3J_2} - \sigma_0 = 0$$

$$f(\boldsymbol{\sigma}) = \sqrt{3\frac{1}{6}\left[\left(\sigma_x - \sigma_y\right)^2 + \left(\sigma_y - \sigma_z\right)^2 + (\sigma_z - \sigma_x)^2\right] + 3\tau_{xy}^2 + 3\tau_{yz}^2 + 3\tau_{zx}^2} - \sigma_0 \tag{3-12}$$

$$f(\boldsymbol{\sigma}) = \sqrt{\frac{1}{2}\left[\left(\sigma_x - \sigma_y\right)^2 + \left(\sigma_y - \sigma_z\right)^2 + (\sigma_z - \sigma_x)^2\right] + 3\left(\tau_{xy}^2 + \tau_{zx}^2 + \tau_{yz}^2\right)} - \sigma_0$$

Tendo a lei de escoamento a seguinte forma:

$$d\varepsilon_{ij}^p = d\lambda \frac{\partial f}{\partial \sigma_{ij}} = d\lambda s_{ij} \quad \text{ou}$$

$$\frac{d\varepsilon_x^p}{s_x} = \frac{d\varepsilon_y^p}{s_y} = \frac{d\varepsilon_z^p}{s_z} = \frac{d\gamma_{yz}^p}{2\tau_{yz}} = \frac{d\gamma_{zx}^p}{2\tau_{zx}} = \frac{d\gamma_{xy}^p}{2\tau_{xy}} = d\lambda \tag{3-13}$$

onde o multiplicador $d\lambda$ pode assumir os seguintes valores:

quando $J_2 < k^2$ ou $J_2 = k^2$ e $dJ_2 < 0$:

$$d\lambda = 0 \tag{3-14}$$

quando $J_2 = k^2$ e $dJ_2 = 0$:

$$d\lambda > 0 \tag{3-15}$$

Relações do tipo da Equação (3-13) são conhecidas como equações de Prandtl-Reuss.

A função de escoamento de von Mises é determinada por uma superfície cilíndrica (Figura 3-1) no espaço de tensões principais. Este critério independe da pressão hidrostática e por este motivo é mais adequado para materiais incompressíveis, como metais, por exemplo.

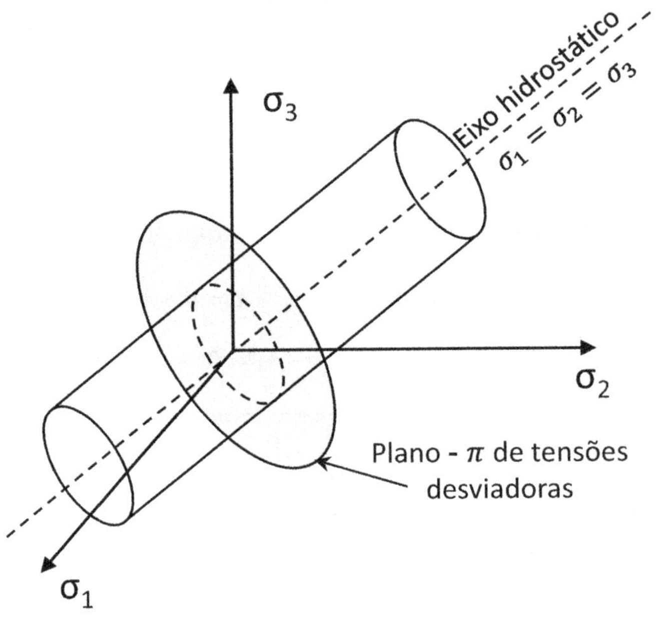

Figura 3-1: Superfície de escoamento de von Mises localizada no espaço de tensões principais.

No caso de um estado biaxial de tensões, a superfície de escoamento é definida pela interseção do cilindro da Figura 3-1 com o plano $\sigma_3 = 0$, definindo a elipse da Figura 3-2.

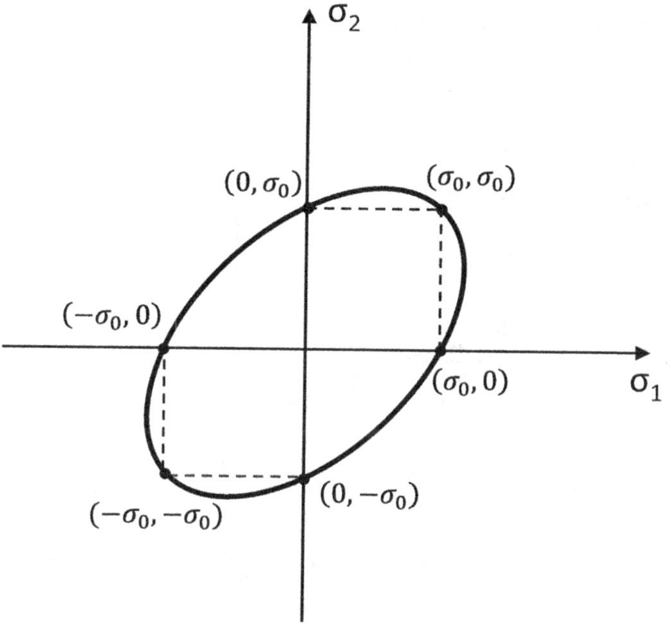

Figura 3-2: Envoltória de von Mises para um estado biaxial de tensões ($\sigma_3 = 0$).

3.4 - Critério de Escoamento de Mohr-Coulomb

Solos, rochas e concretos são materiais nos quais a tensão de escoamento é dependente da pressão hidrostática. Por esta razão, deve-se utilizar um critério de escoamento que considere a pressão hidrostática, sendo o critério de Mohr-Coulomb um dos mais utilizados com esta finalidade.

O critério de Mohr-Coulomb considera a existência do fenômeno de deslizamento friccional entre as partículas do material, sendo a tensão cisalhante máxima o único fator atuante em sua falha.

No critério de Mohr, a tensão cisalhante limite τ em um plano é função de uma tensão normal σ neste mesmo plano:

$$|\tau| = f(\sigma) \tag{3-16}$$

onde $f(\sigma)$ é uma função obtida experimentalmente.

Graficamente, a falha do material ocorrerá onde o círculo de maior raio for tangente à curva de falha, também denominada de envoltória (Figura 3-3). A região interna delimitada pelos envelopes e que contém os três círculos determina todos os estados de tensões possíveis do critério.

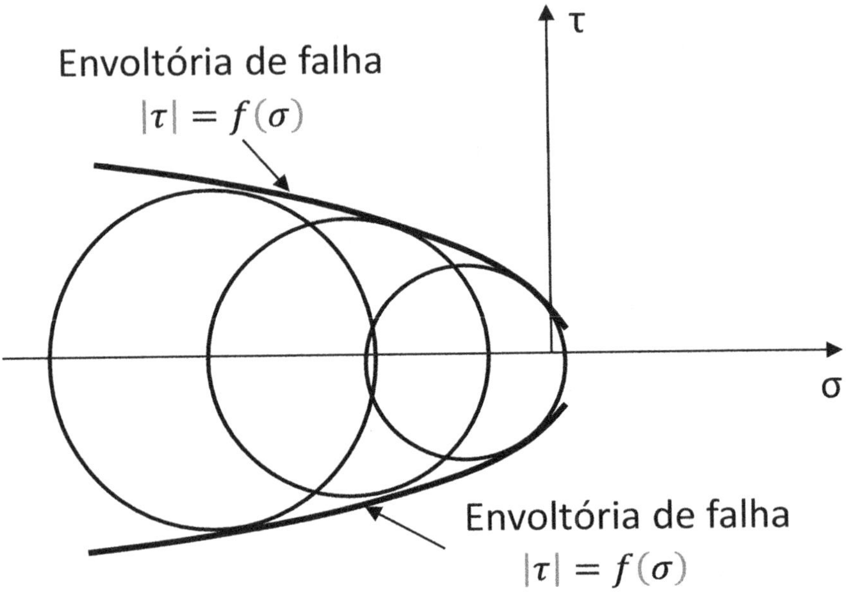

Figura 3-3: Gráfico ilustrativo do critério de Mohr.

A partir de uma generalização da lei de atrito de Coulomb, define-se que as deformações plásticas se iniciam quando em um plano do corpo, as tensões cisalhantes τ e as normais σ, atingem uma combinação crítica, sendo esta equação a forma mais simples de representação da envoltória (reta):

$$\tau = c - \sigma\, tan\phi \tag{3-17}$$

onde c é a coesão e ϕ é o ângulo de atrito interno, sendo estas constantes do material determinadas experimentalmente. O critério de escoamento associado com a Equação (3-17) é denominado de Mohr-Coulomb.

Graficamente, o critério de Mohr-Coulomb pode ser representado da seguinte forma (Figura 3-4):

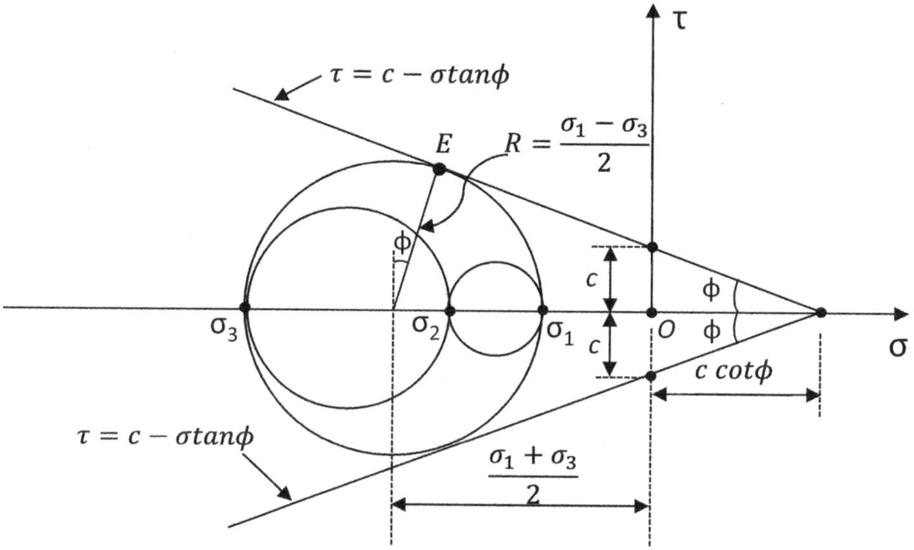

Figura 3-4: Representação do critério de Mohr-Coulomb.

A região do escoamento pelo critério de Mohr-Coulomb está localizada no ponto E da Figura 3-4, sendo este ponto o local de tangência do círculo de Mohr de maior raio com a linha crítica. O domínio elástico do critério é constituído pelo conjunto de tensões dos três círculos de Mohr, localizados entre as linhas críticas (envelopes).

A partir da Equação (3-17) e da Figura 3-4, e considerando $\sigma_1 \geq \sigma_2 \geq \sigma_3$, a função de escoamento do critério de Mohr-Coulomb pode ser determinada em função das tensões principais conforme será detalhado a seguir.

Seja σ a coordenada e τ a ordenada do ponto de escoamento E e x o comprimento identificado na Figura 3-5.

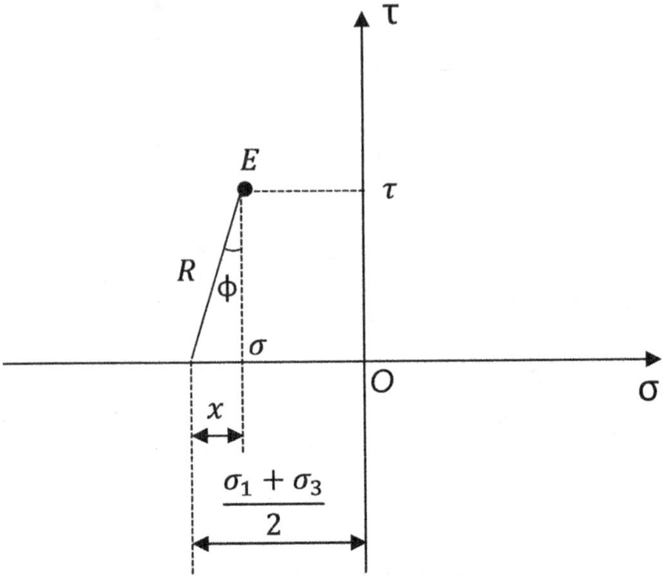

Figura 3-5: Detalhe das coordenadas do ponto de escoamento *E*.

Substituindo σ, τ e R na Equação da linha crítica (3-17), obtém-se a expressão da função de escoamento com relação às tensões principais:

$$Rcos\phi = c - \left(\frac{\sigma_1 + \sigma_3}{2} + x\right) tan\phi$$

$$Rcos\phi = c - \left(\frac{\sigma_1 + \sigma_3}{2} + Rsen\phi\right) tan\phi$$

$$Rcos\phi + \left(\frac{\sigma_1 + \sigma_3}{2} + Rsen\phi\right) \frac{sen\phi}{cos\phi} = c$$

$$Rcos\phi + \frac{\sigma_1 + \sigma_3}{2} \frac{sen\phi}{cos\phi} + R\frac{sen^2\phi}{cos\phi} = c \tag{3-18}$$

$$R\left(\frac{cos^2\phi + sen^2\phi}{cos\phi}\right) + \frac{\sigma_1 + \sigma_3}{2} \frac{sen\phi}{cos\phi} = c$$

$$\frac{R}{cos\phi} + \frac{\sigma_1 + \sigma_3}{2} \frac{sen\phi}{cos\phi} = c$$

$$2R + (\sigma_1 + \sigma_3)sen\phi = 2ccos\phi$$

$$(\sigma_1 - \sigma_3) + (\sigma_1 + \sigma_3)sen\phi = 2ccos\phi$$

Finalmente, denominando de f_1 a função de escoamento, tem-se:

$$f_1(\boldsymbol{\sigma}, c) = (\sigma_1 - \sigma_3) + (\sigma_1 + \sigma_3)sen\phi - 2c\ cos\phi \quad (3\text{-}19)$$

Considerando $\sigma_3 \geq \sigma_1$, obtém-se a função de escoamento f_2, que é o lugar geométrico dos pontos no plano $\sigma_1 \times \sigma_3$ juntamente com a função de escoamento f_1, que atendem o critério de escoamento de Mohr-Coulomb:

$$f_2(\boldsymbol{\sigma}, c) = (\sigma_3 - \sigma_1) + (\sigma_3 + \sigma_1)sen\phi - 2c\ cos\phi \quad (3\text{-}20)$$

Da mesma forma, considerando $\sigma_2 \geq \sigma_3$, obtém-se a função de escoamento f_3 e para $\sigma_3 \geq \sigma_2$, a função de escoamento f_4, que constituem o lugar geométrico dos pontos no plano $\sigma_2 \times \sigma_3$ e que atendem o critério de escoamento de Mohr-Coulomb. Finalmente, considerando $\sigma_2 \geq \sigma_1$, obtém-se a função de escoamento f_5 e para $\sigma_1 \geq \sigma_2$, a função de escoamento f_6, que constitutem o lugar geométrico dos pontos no plano $\sigma_1 \times \sigma_2$ e que atendem o critério de escoamento de Mohr-Coulomb (CARDOSO, 2005):

$$f_3(\boldsymbol{\sigma}, c) = (\sigma_2 - \sigma_3) + (\sigma_2 + \sigma_3)sen\phi - 2c\ cos\phi \quad (3\text{-}21)$$

$$f_4(\boldsymbol{\sigma}, c) = (\sigma_3 - \sigma_2) + (\sigma_3 + \sigma_2)sen\phi - 2c\ cos\phi \quad (3\text{-}22)$$

$$f_5(\boldsymbol{\sigma}, c) = (\sigma_2 - \sigma_1) + (\sigma_2 + \sigma_1)sen\phi - 2c\ cos\phi \quad (3\text{-}23)$$

$$f_6(\boldsymbol{\sigma}, c) = (\sigma_1 - \sigma_2) + (\sigma_1 + \sigma_2)sen\phi - 2c\ cos\phi \quad (3\text{-}24)$$

A interseção dos três diedros formados com os planos $f_1, f_2, \dots, f_6$ é o lugar geométrico de todos os pontos que satisfazem o critério de escoamento de Mohr-Coulomb, formando uma pirâmide hexagonal alinhada com o eixo hidrostático e cujo vértice está localizado em:

$$p = c\ cot\phi \quad (3\text{-}25)$$

A representação da superfície de escoamento de Mohr-Coulomb é mostrada na Figura 3-6:

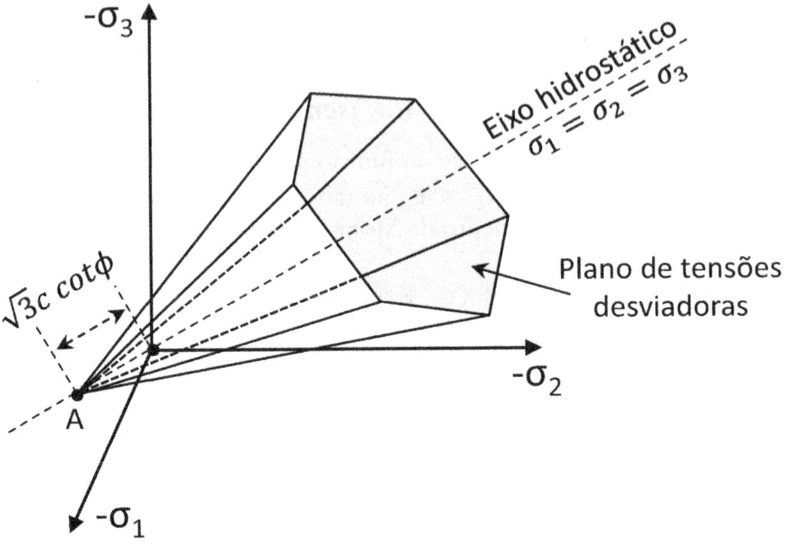

Figura 3-6: Superfície de escoamento de Mohr-Coulomb no espaço de tensões.

O ponto "A" da Figura 3-6 é o limite de resistência do material sob tensões de tração, sendo uma característica de materiais como concretos, solos e rochas.

3.5 - Exemplo 1

Dado o tensor de tensões σ_{ij} a seguir, calcular:

a) A pressão hidrostática p;
b) O tensor de tensões desviadoras s_{ij}.

$$\sigma_{ij} = \begin{bmatrix} 1 & 2 & 3 \\ 4 & 0 & 6 \\ 3 & 7 & 8 \end{bmatrix}$$

Solução

a) A pressão hidrostática é dada pela Equação (3-4):

$$p = \frac{1}{3}\sigma_{kk} = \frac{1}{3}(\sigma_x + \sigma_y + \sigma_z) = \frac{1}{3}I_1$$
$$p = \frac{1}{3}(1 + 0 + 8) = 3 \tag{3-26}$$

b) O tensor de tensões desviadoras é calculado pela diferença entre o tensor de tensões e o tensor de tensão hidrostática (Equação (3-5)):

$$s_{ij} = \sigma_{ij} - p\,\delta_{ij}$$
$$s_{ij} = \begin{bmatrix} 1 & 2 & 3 \\ 4 & 0 & 6 \\ 3 & 7 & 8 \end{bmatrix} - 3\begin{bmatrix} 1 & 0 & 0 \\ 0 & 1 & 0 \\ 0 & 0 & 1 \end{bmatrix} = \begin{bmatrix} -2 & 2 & 3 \\ 4 & -3 & 6 \\ 3 & 7 & 5 \end{bmatrix} \tag{3-27}$$

O tensor de tensões desviadoras s_{ij} representa um estado de cisalhamento puro, pois o traço da matriz é nulo: $s_{ii} = (-2 - 3 + 5) = 0$.

3.6 - Exemplo 2

Um duto submarino de aço API 5L X65 é submetido a uma pressão interna p (Figura 3-7). O duto tem diâmetro $D = 254\,mm$ e espessura de parede $t = 12{,}7\,mm$. A nomenclatura X65 significa que a tensão de escoamento σ_0 do material é de $65000\,psi$ ($\cong 450\,MPa$). Calcular a pressão p_0 correspondente ao início do escoamento do duto. Considerar um estado de tensões biaxial e um duto de paredes finas.

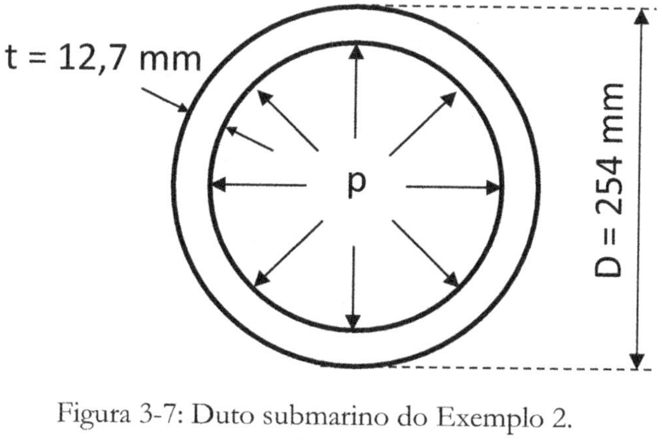

Figura 3-7: Duto submarino do Exemplo 2.

Solução

Para um estado de tensões biaxial, $\sigma_3 = 0$, a Equação (3-10) é simplificada da seguinte forma:

$$f(J_2) = J_2 - k^2 = \frac{1}{6}[(\sigma_1 - \sigma_2)^2 + {\sigma_2}^2 + {\sigma_1}^2] - \frac{{\sigma_0}^2}{3} = 0$$
$$(\sigma_1 - \sigma_2)^2 + {\sigma_2}^2 + {\sigma_1}^2 - 2{\sigma_0}^2 = 0 \qquad \text{(3-28)}$$
$${\sigma_1}^2 + {\sigma_2}^2 - \sigma_1\sigma_2 = {\sigma_0}^2$$

O estado de tensões biaxial do duto de parede fina é composto por uma tensão circunferencial $\sigma_c = \sigma_1 = \frac{pD}{2t}$ e uma tensão axial $\sigma_a = \sigma_2 = \frac{pD}{4t}$. Substituindo essas tensões na Equação (3-28):

$$\frac{p_0^2 D^2}{4t^2} + \frac{p_0^2 D^2}{16t^2} - \frac{p_0^2 D^2}{8t^2} = {\sigma_0}^2 \qquad \text{(3-29)}$$

A pressão p_0 será dada por:

$$p_0 = \frac{\sigma_0 t 4}{D\sqrt{3}} \cong 52\ MPa \qquad \text{(3-30)}$$

4. Relações Tensão-Deformação

Neste capítulo serão abordadas as relações tensão-deformação do tipo incrementais. Essas relações são necessárias para a solução de problemas que envolvem materiais plásticos através do Método dos Elementos Finitos (MEF) no próximo capítulo. As considerações necessárias para aplicação da teoria incremental serão mostradas e posteriormente o desenvolvimento das relações incrementais de tensão-deformação. Finalmente, define-se o vetor de gradiente da função de escoamento, necessário na obtenção da matriz elastoplástica.

4.1 - Introdução

No presente capítulo serão desenvolvidas as relações incrementais de tensão-deformação para materiais com endurecimento. Essas relações incrementais são baseadas na teoria incremental, que relaciona o incremento do vetor de deformações plásticas $d\boldsymbol{\varepsilon}^p$ ao estado de tensões $\boldsymbol{\sigma}$ e ao vetor do incremento de tensões $d\boldsymbol{\sigma}$.

Ao considerar o endurecimento na teoria incremental, a superfície de escoamento não estará mais fixa no espaço de tensões, sendo a movimentação da superfície de escoamento definida pela lei de endurecimento.

Conforme apresentado no Capítulo 2, as seguintes considerações são feitas para o desenvolvimento da teoria incremental da plasticidade com endurecimento:

Há uma superfície inicial de escoamento que define o limite elástico do material em um estado de tensões;

Há uma lei de endurecimento que descreve a evolução das superfícies de escoamento posteriores;

A lei de escoamento está relacionada à função de potencial plástico e determina a direção do vetor incremental de deformações plásticas $\boldsymbol{d\varepsilon^p}$ no espaço de deformações.

A seguir são apresentados o desenvolvimento das relações incrementais de tensão-deformação e a obtenção da matriz elastoplástica $\boldsymbol{D^{ep}}$.

4.2 - Desenvolvimento das relações incrementais de tensão-deformação

Para a obtenção das relações incrementais tensão-deformação de um modelo elastoplástico, faz-se necessário o conhecimento da lei de escoamento do material. De acordo com os capítulos anteriores, um material com endurecimento possui a seguinte expressão geral para a função de escoamento:

$$f\left(\sigma_{ij}, \varepsilon_{ij}^p, k\right) = 0 \tag{4-1}$$

onde $k = k(\boldsymbol{\varepsilon^p})$ é um parâmetro de endurecimento isotrópico.

O incremento de deformação $d\varepsilon_{ij}$ pode ser decomposto em uma parcela elástica e outra plástica:

$$d\varepsilon_{ij} = d\varepsilon_{ij}^e + d\varepsilon_{ij}^p \tag{4-2}$$

O incremento de deformação elástico é relacionado com o incremento de tensão $d\sigma_{ij}$ através da lei de Hooke:

$$d\sigma_{ij} = D_{ijkl} d\varepsilon_{kl}^e \tag{4-3}$$

onde D_{ijkl} é a matriz constitutiva elástica do material.

Finalmente, para a determinação do incremento de deformação plástico $d\varepsilon_{ij}^p$, utiliza-se uma lei de escoamento não-associativa:

$$d\varepsilon_{kl}^p = d\lambda \frac{\partial g}{\partial \sigma_{ij}} \tag{4-4}$$

onde $g = g\left(\sigma_{ij}, \varepsilon_{ij}^{p}, k\right)$ é uma função potencial plástica conhecida e $d\lambda$ é uma função escalar a ser determinada através da condição de consistência $df = 0$. Utilizando as expressões dos incrementos de deformação elástico (4-2) e plástico (4-4), na lei de Hooke (4-3), a seguinte expressão é obtida:

$$d\sigma_{ij} = D_{ijkl}\left(d\varepsilon_{kl} - d\lambda \frac{\partial g}{\partial \sigma_{kl}}\right) \tag{4-5}$$

A relação constitutiva acima estará completamente definida se a função escalar $d\lambda$ for determinada. No caso de uma lei de escoamento associativa, a equação (4-5) é reescrita como:

$$d\sigma_{ij} = D_{ijkl}\left(d\varepsilon_{kl} - d\lambda \frac{\partial f}{\partial \sigma_{kl}}\right) \tag{4-6}$$

Na forma tensorial:

$$d\boldsymbol{\sigma} = \boldsymbol{D}\left(d\boldsymbol{\varepsilon} - d\lambda \frac{\partial f}{\partial \boldsymbol{\sigma}}\right) \tag{4-7}$$

A definição de $d\lambda$ será apresentada nos passos a seguir. Inicialmente, define-se que σ_{ij}, ε_{ij}^{p}, e $k = k(\boldsymbol{\varepsilon}^{p})$ devem satisfazer a função de escoamento (4-1).

Após um carregamento plástico, que ocasiona um pequeno incremento na deformação total $d\varepsilon_{ij}$, há um novo estado de tensões $(\sigma_{ij} + d\sigma_{ij})$, de deformações $(\varepsilon_{ij}^{p} + d\varepsilon_{ij}^{p})$ e da função $(k + dk)$. Este novo estado deve obedecer também a função de escoamento:

$$df = \frac{\partial f}{\partial \sigma_{ij}} d\sigma_{ij} + \frac{\partial f}{\partial \varepsilon_{ij}^{p}} d\varepsilon_{ij}^{p} + \frac{\partial f}{\partial k} dk = 0 \tag{4-8}$$

e:

$$f\left(\sigma_{ij} + d\sigma_{ij}, \varepsilon_{ij}^{p} + d\varepsilon_{ij}^{p}, k + dk\right) = f\left(\sigma_{ij}, \varepsilon_{ij}^{p}, k\right) + df = 0 \tag{4-9}$$

As condições (4-8) e (4-9) são definidas como a condição de consistência para um material com endurecimento e impõe restrições entre os incrementos $d\sigma_{ij}$, $d\varepsilon_{ij}^{p}$ e dk. As condições de consistência garantem que durante um carregamento plástico, os estados de tensão e de deformação posteriores a esse carregamento permanecerão na superfície de escoamento.

A função escalar $d\lambda$ pode ser definida através da condição de consistência, conforme será apresentado a seguir. Inicialmente, para a definição da função escalar $d\lambda$, considera-se um material com endurecimento isotrópico, cujas função de escoamento e condição de consistência são dadas respectivamente pelas equações:

$$f(\sigma_{ij}, k) = F(\sigma_{ij}) - k^2(\varepsilon_p) = 0 \tag{4-10}$$

$$df = \frac{\partial f}{\partial \sigma_{ij}} d\sigma_{ij} + \frac{\partial f}{\partial k} dk = 0 \tag{4-11}$$

Na forma matricial, as expressões acima são reescritas da seguinte forma:

$$f(\boldsymbol{\sigma}, k) = F(\boldsymbol{\sigma}) - k^2(\varepsilon_p) = 0 \tag{4-12}$$

$$df = \frac{\partial f}{\partial \boldsymbol{\sigma}}^T d\boldsymbol{\sigma} + \frac{\partial f}{\partial k} dk = 0 \tag{4-13}$$

definindo-se o vetor $\boldsymbol{a}$ como:

$$\boldsymbol{a} = \frac{\partial f}{\partial \boldsymbol{\sigma}} \tag{4-14}$$

tem-se:

$$\boldsymbol{a}^T d\boldsymbol{\sigma} + \frac{\partial f}{\partial k} dk = 0 \tag{4-15}$$

Em seguida, define-se a deformação plástica efetiva ε_p, como uma combinação simples dos incrementos de deformação plástica. A definição de ε_p não é trivial e por esta razão optou-se por uma definição mais simples, através de uma combinação. Maiores detalhes e outra definição para ε_p podem ser encontradas em (CHEN e HAN, 1988 e CARDOSO, 2005):

$$d\varepsilon_p = C\sqrt{d\varepsilon_{ij}^p d\varepsilon_{ij}^p} d\lambda \tag{4-16}$$

onde $C = \sqrt{\frac{2}{3}}$.

Assumindo uma regra de escoamento associativa na forma $d\varepsilon_{ij}^p = d\lambda \frac{\partial f}{\partial \sigma_{ij}}$ e combinando com a equação (4-16), obtém-se:

$$dk = \frac{dk}{d\varepsilon_p} C \sqrt{\frac{\partial f}{\partial \sigma_{ij}} \frac{\partial f}{\partial \sigma_{ij}}} d\lambda \tag{4-17}$$

ou:

$$dk = \frac{dk}{d\varepsilon_p} C \sqrt{\boldsymbol{a}^T \boldsymbol{a}} d\lambda \tag{4-18}$$

A expressão do tensor de incremento de tensões (4-7) é utilizada na equação de consistência (4-15) juntamente com a equação (4-18) para se obter uma expressão para o fator $d\lambda$:

$$\frac{\partial f}{\partial k} \frac{dk}{d\varepsilon_p} C \sqrt{\boldsymbol{a}^T \boldsymbol{a}} d\lambda = -\boldsymbol{a}^T \boldsymbol{D}(d\varepsilon - d\lambda \boldsymbol{a})$$

$$\frac{\partial f}{\partial k} \frac{dk}{d\varepsilon_p} C \sqrt{\boldsymbol{a}^T \boldsymbol{a}} d\lambda = -\boldsymbol{a}^T \boldsymbol{D} \boldsymbol{a} d\lambda - \boldsymbol{a}^T \boldsymbol{D}\, d\varepsilon$$

$$d\lambda \left(\frac{\partial f}{\partial k} \frac{dk}{d\varepsilon_p} C \sqrt{\boldsymbol{a}^T \boldsymbol{a}} - \boldsymbol{a}^T \boldsymbol{D} \boldsymbol{a} \right) = -\boldsymbol{a}^T \boldsymbol{D}\, d\varepsilon \tag{4-19}$$

$$d\lambda = \frac{\boldsymbol{a}^T \boldsymbol{D}\, d\varepsilon}{\boldsymbol{a}^T \boldsymbol{D} \boldsymbol{a} - \frac{\partial f}{\partial k} \frac{dk}{d\varepsilon_p} C \sqrt{\boldsymbol{a}^T \boldsymbol{a}}}$$

$$d\lambda = \frac{\boldsymbol{a}^T \boldsymbol{D} d\boldsymbol{\varepsilon}}{h}$$

onde:

$$h = \boldsymbol{a}^T \boldsymbol{D} \boldsymbol{a} - \frac{\partial f}{\partial k} \frac{dk}{d\varepsilon_p} C \sqrt{\boldsymbol{a}^T \boldsymbol{a}} \tag{4-20}$$

Definindo A como:

$$A = \frac{\partial f}{\partial k} \frac{dk}{d\varepsilon_p} C \sqrt{\boldsymbol{a}^T \boldsymbol{a}} \tag{4-21}$$

A equação (4-20) é reescrita como:

$$h = \boldsymbol{a}^T \boldsymbol{D} \boldsymbol{a} - A \tag{4-22}$$

Utilizando a equação (4-19) na equação (4-7), a relação incremental tensão-deformação não-linear é obtida:

$$d\boldsymbol{\sigma} = \left(\boldsymbol{D} - \frac{\boldsymbol{D}\boldsymbol{a}\boldsymbol{a}^T\boldsymbol{D}}{h}\right) d\boldsymbol{\varepsilon} \tag{4-23}$$

4.3 - Obtenção da matriz elastoplástica $\boldsymbol{D}^{ep}$

Outra forma de escrever a equação (4-23) é mostrada abaixo (CARDOSO, 2005):

$$d\boldsymbol{\sigma} = \boldsymbol{D}^{ep} d\boldsymbol{\varepsilon} \tag{4-24}$$

onde a matriz constitutiva elastoplástica $\boldsymbol{D}^{ep}$ é definida como:

$$\boldsymbol{D}^{ep} = \boldsymbol{D} - \frac{\boldsymbol{D}\boldsymbol{a}\boldsymbol{a}^T\boldsymbol{D}}{h} \tag{4-25}$$

a segunda parcela da equação (4-25) representa a degradação da rigidez do material devido ao escoamento plástico.

Ao contrário da matriz $\boldsymbol{D}$, a matriz $\boldsymbol{D}^{ep}$ é singular, ou seja, para $\boldsymbol{a} \neq \boldsymbol{0}, \boldsymbol{D}^{ep}\boldsymbol{a} = \boldsymbol{0}$, conforme mostrado abaixo para o caso de material plástico perfeito:

$$\begin{aligned} \boldsymbol{D}^{ep}\boldsymbol{a} &= \boldsymbol{D}\boldsymbol{a} - \frac{\boldsymbol{D}\boldsymbol{a}\boldsymbol{a}^T\boldsymbol{D}}{\boldsymbol{a}^T\boldsymbol{D}\boldsymbol{a}}\boldsymbol{a} \\ \boldsymbol{D}^{ep}\boldsymbol{a} &= \boldsymbol{D}\boldsymbol{a} - \boldsymbol{D}\boldsymbol{a}\frac{\boldsymbol{a}^T\boldsymbol{D}\boldsymbol{a}}{\boldsymbol{a}^T\boldsymbol{D}\boldsymbol{a}} \\ \boldsymbol{D}^{ep}\boldsymbol{a} &= \boldsymbol{D}\boldsymbol{a} - \boldsymbol{D}\boldsymbol{a} = \boldsymbol{0} \end{aligned} \tag{4-26}$$

A obtenção da matriz constitutiva elastoplástica $\boldsymbol{D}^{ep}$ necessita do vetor de gradiente da função de escoamento $\boldsymbol{a}$ e da matriz constitutiva elástica $\boldsymbol{D}$. O vetor $\boldsymbol{a}$ e a matriz $\boldsymbol{D}$ serão apresentados a seguir, juntamente com os vetores de tensão $\boldsymbol{\sigma}$ e deformação $\boldsymbol{\varepsilon}$ para cada tipo de sistema estrutural (Tabela 4-1 e Tabela 4-2). Relembrando que as relações tensão-deformação lineares são definidas pela lei de Hooke ($\boldsymbol{\sigma} = \boldsymbol{D}\boldsymbol{\varepsilon}$).

Tabela 4-1: Representação explícita dos elementos dos vetores e matrizes $\boldsymbol{a}, \boldsymbol{D}, \boldsymbol{\sigma}, \boldsymbol{\varepsilon}$ para sistemas tridimensionais e axissimétricos.

Sistema Estrutural	$\boldsymbol{a}$	$\boldsymbol{D}$	$\boldsymbol{\sigma}$	$\boldsymbol{\varepsilon}$
Tridimensional	$\begin{bmatrix} \frac{\partial f}{\partial \sigma_x} \\ \frac{\partial f}{\partial \sigma_y} \\ \frac{\partial f}{\partial \sigma_z} \\ \frac{\partial f}{\partial \tau_{xy}} \\ \frac{\partial f}{\partial \tau_{yz}} \\ \frac{\partial f}{\partial \tau_{zx}} \end{bmatrix}$	$\frac{E}{(1+\nu)(1-2\nu)} \times \begin{bmatrix} 1-\nu & \nu & \nu & 0 & 0 & 0 \\ \nu & 1-\nu & \nu & 0 & 0 & 0 \\ \nu & \nu & 1-\nu & 0 & 0 & 0 \\ 0 & 0 & 0 & \frac{1-2\nu}{2} & 0 & 0 \\ 0 & 0 & 0 & 0 & \frac{1-2\nu}{2} & 0 \\ 0 & 0 & 0 & 0 & 0 & \frac{1-2\nu}{2} \end{bmatrix}$	$\begin{bmatrix} \sigma_x \\ \sigma_y \\ \sigma_z \\ \tau_{xy} \\ \tau_{yz} \\ \tau_{zx} \end{bmatrix}$	$\begin{bmatrix} \varepsilon_x \\ \varepsilon_y \\ \varepsilon_z \\ \gamma_{xy} \\ \gamma_{yz} \\ \gamma_{zx} \end{bmatrix}$
Sólidos Axissimétricos	$\begin{bmatrix} \frac{\partial f}{\partial \sigma_r} \\ \frac{\partial f}{\partial \sigma_z} \\ \frac{\partial f}{\partial \tau_{rz}} \\ \frac{\partial f}{\partial \sigma_\theta} \end{bmatrix}$	$\frac{E}{(1+\nu)(1-2\nu)} \begin{bmatrix} 1-\nu & \nu & 0 & \nu \\ \nu & 1-\nu & 0 & \nu \\ 0 & 0 & \frac{1-2\nu}{2} & 0 \\ \nu & \nu & 0 & 1-\nu \end{bmatrix}$	$\begin{bmatrix} \sigma_r \\ \sigma_z \\ \tau_{rz} \\ \sigma_\theta \end{bmatrix}$	$\begin{bmatrix} \varepsilon_r \\ \varepsilon_z \\ \varepsilon_{rz} \\ \varepsilon_\theta \end{bmatrix}$

Tabela 4-2: Representação explícita dos elementos dos vetores e matrizes $\boldsymbol{a}, \boldsymbol{D}, \boldsymbol{\sigma}, \boldsymbol{\varepsilon}$ para sistemas nos estados planos de tensões e de deformações.

Sistema Estrutural	$\boldsymbol{a}$	$\boldsymbol{D}$	$\boldsymbol{\sigma}$	$\boldsymbol{\varepsilon}$
Estado Plano de Tensões	$\begin{bmatrix} \frac{\partial f}{\partial \sigma_x} \\ \frac{\partial f}{\partial \sigma_y} \\ \frac{\partial f}{\partial \tau_{xy}} \end{bmatrix}$	$\frac{E}{(1-\nu^2)} \begin{bmatrix} 1 & \nu & 0 \\ \nu & 1 & 0 \\ 0 & 0 & \frac{1-\upsilon}{2} \end{bmatrix}$	$\begin{bmatrix} \sigma_x \\ \sigma_y \\ \tau_{xy} \end{bmatrix}$	$\begin{bmatrix} \varepsilon_x \\ \varepsilon_y \\ \gamma_{xy} \end{bmatrix}$
Estado Plano de Deformações	$\begin{bmatrix} \frac{\partial f}{\partial \sigma_x} \\ \frac{\partial f}{\partial \sigma_y} \\ \frac{\partial f}{\partial \sigma_z} \\ \frac{\partial f}{\partial \tau_{xy}} \end{bmatrix}$	$\frac{E}{(1+\nu)(1-2\nu)} \times \begin{bmatrix} 1-\nu & \nu & \nu & 0 \\ \nu & 1-\nu & \nu & 0 \\ \nu & \nu & 1-\nu & 0 \\ 0 & 0 & 0 & \frac{1-2\nu}{2} \end{bmatrix}$	$\begin{bmatrix} \sigma_x \\ \sigma_y \\ \sigma_z = \nu(\sigma_x + \sigma_y) \\ \tau_{xy} \end{bmatrix}$	$\begin{bmatrix} \varepsilon_x \\ \varepsilon_y \\ \varepsilon_z \\ \gamma_{xy} \end{bmatrix}$

5. Implementação com o Método dos Elementos Finitos

Neste capítulo, a implementação do Método dos Elementos Finitos (MEF) para solução de problemas envolvendo o comportamento elastoplástico de materiais é apresentada. Para tanto, faz-se necessário definir as equações governantes do fenômeno da plasticidade (formulação forte) e a formulação fraca do problema. Em seguida, devido à natureza não-linear do problema da plasticidade, alguns dos principais algoritmos para solução de sistemas de equações não-lineares são mostrados. Outro ponto importante discutido na implementação com o MEF é a integração numérica da tensão em uma análise elastoplástica. Posteriormente, os principais critérios de convergência utilizados para interromper o processo iterativo de solução do sistema de equações não-lineares são discutidos. Por último, dois exemplos numéricos de aplicação do MEF em problemas elastoplásticos são apresentados.

5.1 - Introdução

Soluções analíticas para problemas de valor de contorno envolvendo equações constitutivas plásticas são difíceis de serem obtidas e por esta razão existem poucas soluções desse tipo disponíveis. Uma alternativa para a solução desses problemas é a utilização de métodos numéricos como o Método dos Elementos Finitos (MEF).

5.2 - Equações governantes da plasticidade

Para ser considerado geral, um modelo elastoplástico deve possuir os seguintes componentes:

- Decomposição elastoplástica da deformação;
- Uma lei constitutiva elástica;
- Função de escoamento;
- Lei de escoamento;
- Lei de endurecimento.

De posse destes componentes, explorados com detalhes nos capítulos anteriores, as equações governantes do problema generalizado da plasticidade (também conhecida como formulação forte) serão expostas a seguir.

Inicialmente, considera-se um corpo ocupando um domínio $\Omega \in R^3$ apresentado na Figura 5-1:

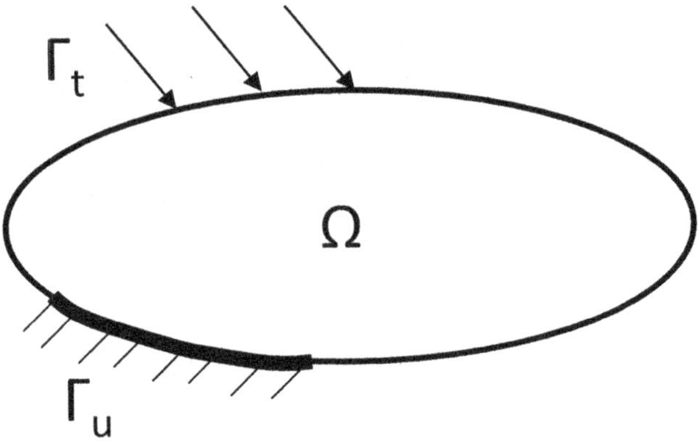

Figura 5-1: Corpo sólido e domínio "Ω" por ele ocupado.

Este domínio possui um contorno $\partial\Omega$ dividido em Γ_u e Γ_t:

$$\partial\Omega = \Gamma_u \cup \Gamma_t, \quad \Gamma_u \cap \Gamma_t = \emptyset \tag{5-1}$$

Os deslocamentos prescritos $\bar{u}(x)$ são dados no contorno Γ_u e as forças distribuídas $\bar{t}(x)$ são dadas no contorno Γ_t. O campo de deslocamento é denominado $u(x): \Omega \rightarrow R^3$ com posição $x \in \Omega$.

O problema da plasticidade é determinar $u(x), \varepsilon^e(x), \varepsilon^p(x), \sigma(x)$ e $d\lambda$ que satisfaçam as equações abaixo (Tabela 5-1):

Tabela 5-1: Equações do problema da plasticidade.

Notação tensorial	**Notação matricial**	**Significado**	
$\nabla.\boldsymbol{\sigma} + \boldsymbol{b}(x) = 0$	$\nabla_s^T\boldsymbol{\sigma} + \boldsymbol{b}(x) = 0$	Equação do momento linear para a elasticidade	(5-2)
$\boldsymbol{\sigma} = \boldsymbol{D}.\boldsymbol{\varepsilon}^e(\boldsymbol{u}) = \boldsymbol{D}.(\boldsymbol{\varepsilon}(\boldsymbol{u}) - \boldsymbol{\varepsilon}^p)$	$\boldsymbol{\sigma} = \boldsymbol{D\varepsilon}(\boldsymbol{u})$	Lei constitutiva elástica do material	(5-3)
$\boldsymbol{\varepsilon}(\boldsymbol{u}(\boldsymbol{x})) = \frac{1}{2}(\nabla\boldsymbol{u}(x) + \nabla\boldsymbol{u}^T(x))$	$\boldsymbol{\varepsilon} = \nabla_s\boldsymbol{u}$	Relação cinemática entre deformações e deslocament os	(5-4)
$d\boldsymbol{\varepsilon}^p = d\lambda\frac{\partial g}{\partial\boldsymbol{\sigma}}$		Lei de escoamento não-associativa	(5-5)

para $\forall x \in \Omega$. Onde:

$\boldsymbol{D}$ é o tensor de elasticidade de quarta ordem;

$\boldsymbol{\sigma}$ e $\boldsymbol{\varepsilon}$ são os tensores de segunda ordem de tensão e deformação respectivamente;

∇_s é o operador gradiente simétrico (mais detalhes no capítulo 6);

O termo $\boldsymbol{b}(x)$ representa as forças internas do corpo.

As prescrições de deslocamentos e forças distribuídas são dadas por:

$$\begin{cases} \boldsymbol{u}(x) = \bar{\boldsymbol{u}}(x), & x \in \Gamma_u \\ \boldsymbol{\sigma}.\boldsymbol{n} = \bar{\boldsymbol{t}}(x), & x \in \Gamma_t \end{cases} \tag{5-6}$$

Com as relações de complementaridade definidas por:

$$\begin{cases} d\lambda = 0 & se\, f < 0 \\ d\lambda > 0 & se\, f = 0 \end{cases} \tag{5-7}$$

5.3 - Formulação variacional

Para o desenvolvimento da formulação fraca do problema da plasticidade, é necessário inicialmente introduzir os conjuntos das soluções U e funções de ponderação V:

$$U = \{\boldsymbol{u} \in H^1(\Omega): \boldsymbol{u} = \bar{u}\ em\ \Gamma_u\} \tag{5-8}$$

$$V = \{\boldsymbol{v} \in H^1(\Omega): \boldsymbol{v} = 0\ em\ \Gamma_u\} \tag{5-9}$$

onde $H^1(\Omega)$ é um espaço de Hilbert cujas derivadas possuem quadrado integrável.

Multiplicando a equação do momento linear (Equação (5-2)) e a prescrição de força distribuída no contorno Γ_t (Equação (5-6)) por uma função de ponderação $\boldsymbol{v}$ obtém-se:

$$\int_\Omega \boldsymbol{v}.\nabla.\boldsymbol{\sigma} d\Omega + \int_\Omega \boldsymbol{v}.\boldsymbol{b} d\Omega = 0 \tag{5-10}$$

$$\int_{\Gamma_t} \boldsymbol{v}.(\bar{\boldsymbol{t}} - \boldsymbol{\sigma}.\boldsymbol{n}) d\Gamma = 0 \Rightarrow \int_{\Gamma_t} \boldsymbol{v}.\bar{\boldsymbol{t}} d\Gamma = \int_{\Gamma_t} \boldsymbol{v}.\boldsymbol{\sigma}.\boldsymbol{n} d\Gamma \tag{5-11}$$

Aplicando os teoremas da divergência e de Green na primeira integral da Equação (5-10):

$$\int_{\Omega} \boldsymbol{v}.\nabla.\boldsymbol{\sigma} d\Omega = \int_{\Gamma} \boldsymbol{v}.\boldsymbol{\sigma}.\boldsymbol{n} d\Gamma - \int_{\Omega} \nabla\boldsymbol{v}.\boldsymbol{\sigma} d\Omega \qquad (5\text{-}12)$$

Sabendo que $\nabla\boldsymbol{v}.\boldsymbol{\sigma} = (\nabla_s\boldsymbol{v})^T.\boldsymbol{\sigma}$ (maiores detalhes no capítulo 6):

$$\int_{\Omega} \boldsymbol{v}.\nabla.\boldsymbol{\sigma} d\Omega = \int_{\Gamma} \boldsymbol{v}.\boldsymbol{\sigma}.\boldsymbol{n} d\Gamma - \int_{\Omega} (\nabla_s\boldsymbol{v})^T.\boldsymbol{\sigma}\, d\Omega \qquad (5\text{-}13)$$

E que a função de ponderação é nula em Γ_u, a integral em Γ reduz-se a uma integral em Γ_t:

$$\int_{\Omega} \boldsymbol{v}.\nabla.\boldsymbol{\sigma} d\Omega = \int_{\Gamma_t} \boldsymbol{v}.\boldsymbol{\sigma}.\boldsymbol{n} d\Gamma - \int_{\Omega} (\nabla_s\boldsymbol{v})^T.\boldsymbol{\sigma}\, d\Omega \qquad (5\text{-}14)$$

Substituindo as Equações (5-11) e (5-14) na Equação (5-10):

$$\int_{\Omega} (\nabla_s\boldsymbol{v})^T.\boldsymbol{\sigma} d\Omega = \int_{\Gamma_t} \boldsymbol{v}.\bar{\boldsymbol{t}} d\Gamma + \int_{\Omega} \boldsymbol{v}.\boldsymbol{b} d\Omega \qquad (5\text{-}15)$$

E utilizando as Equações (5-3) e (5-4) na Equação (5-15):

$$\int_{\Omega} (\nabla_s\boldsymbol{v})^T.\boldsymbol{D}.\nabla_s\boldsymbol{u} d\Omega = \int_{\Gamma_t} \boldsymbol{v}.\bar{\boldsymbol{t}} d\Gamma + \int_{\Omega} \boldsymbol{v}.\boldsymbol{b} d\Omega \qquad (5\text{-}16)$$

A formulação fraca ou variacional em notação matricial é dada por:

Encontrar $\boldsymbol{u} \in U$ tal que

$$\int_{\Omega} (\nabla_s\boldsymbol{v})^T\boldsymbol{D}\nabla_s\boldsymbol{u} d\Omega = \int_{\Gamma_t} \boldsymbol{v}^T\bar{\boldsymbol{t}} d\Gamma + \int_{\Omega} \boldsymbol{v}^T\boldsymbol{b} d\Omega \qquad \forall\boldsymbol{v} \in V \qquad (5\text{-}17)$$

5.4 - Formulação para problemas elastoplásticos

Utilizando a formulação variacional apresentada na Equação (5-17), a formulação fraca para uma análise elastoplástica pode ser dada por:

$$\int_V \boldsymbol{\varepsilon}^T \boldsymbol{\sigma} dV = \int_A \boldsymbol{u}^T \boldsymbol{t} dA + \int_V \boldsymbol{u}^T \boldsymbol{b} dV \qquad (5\text{-}18)$$

onde:

$$\boldsymbol{u}^T = [\, u_1 \quad u_2 \quad u_3] \qquad (5\text{-}19)$$

$$\boldsymbol{\varepsilon}^T = [\, \varepsilon_x \quad \varepsilon_y \quad \varepsilon_z \quad \gamma_{yz} \quad \gamma_{zx} \quad \gamma_{xy}] \qquad (5\text{-}20)$$

$$\boldsymbol{\sigma}^T = [\, \sigma_x \quad \sigma_y \quad \sigma_z \quad \tau_{yz} \quad \tau_{zx} \quad \tau_{xy}] \qquad (5\text{-}21)$$

Para uma análise linear geométrica ou com pequenas deformações tem-se:

$$\boldsymbol{\varepsilon} = \boldsymbol{BU} \qquad (5\text{-}22)$$

O vetor $\boldsymbol{U}$ de deslocamentos nodais e o vetor $\boldsymbol{u}$ das funções de deslocamento globais estão relacionados da seguinte forma com a matriz $\boldsymbol{N}$ (funções de forma):

$$\boldsymbol{u} = \boldsymbol{NU} \qquad (5\text{-}23)$$

A matriz $\boldsymbol{B}$, que relaciona deformações e deslocamentos é encontrada pela expressão:

$$\boldsymbol{B} = \boldsymbol{LN} \qquad (5\text{-}24)$$

onde $\boldsymbol{L}$ é um operador representado em forma de matriz:

$$\boldsymbol{L} = \begin{bmatrix} \frac{\partial}{\partial x} & 0 & 0 \\ 0 & \frac{\partial}{\partial y} & 0 \\ 0 & 0 & \frac{\partial}{\partial z} \\ 0 & \frac{\partial}{\partial z} & \frac{\partial}{\partial y} \\ \frac{\partial}{\partial z} & 0 & \frac{\partial}{\partial x} \\ \frac{\partial}{\partial y} & \frac{\partial}{\partial x} & 0 \end{bmatrix} \qquad (5\text{-}25)$$

Utilizando as Equações (5-22) e (5-23) na Equação (5-18), obtém-se:

$$\int_V \boldsymbol{B}^T \boldsymbol{\sigma} dV = \int_A \boldsymbol{N}^T \boldsymbol{t} dA + \int_V \boldsymbol{N}^T \boldsymbol{b} dV = \boldsymbol{R} \tag{5-26}$$

Para uma análise linear elástica, o seguinte sistema de equações, também lineares, deve ser resolvido:

$$\boldsymbol{KU} = \boldsymbol{R} \tag{5-27}$$

Onde $\boldsymbol{K}$ é a matriz de rigidez da estrutura, dada pela expressão (verificar as Equações (5-3) e (5-22)):

$$\boldsymbol{K} = \int_V \boldsymbol{B}^T \boldsymbol{D} \boldsymbol{B} dV \tag{5-28}$$

e $\boldsymbol{D}$ é a matriz constitutiva elástica.

Devido à natureza não linear da relação tensão-deformação em uma análise elastoplástica (Equação (5-3)), as deformações do sistema também possuirão uma relação não linear com os deslocamentos nodais. Por este motivo, a Equação (5-26) é normalmente resolvida iterativamente.

Outro ponto importante que deve ser lembrado é o fato das relações constitutivas elastoplásticas dependerem dos históricos de deformações, tensões e deslocamentos.

Desta forma, uma análise incremental que leve em conta os históricos das variações destas grandezas é mais adequada para este tipo de problema.

Em uma análise incremental, a carga total $\boldsymbol{R}$ aplicada em um incremento $t + \Delta t$ é expressa como:

$${}^{t+\Delta t}\boldsymbol{R} = {}^{t}\boldsymbol{R} + {}^{t+\Delta t}\Delta\boldsymbol{R} \tag{5-29}$$

Considerando que os vetores ${}^{t}\boldsymbol{U}$, ${}^{t}\boldsymbol{\sigma}$ e ${}^{t}\boldsymbol{\varepsilon}$ são conhecidos e suprimindo o índice $t + \Delta t$ dos incrementos:

$${}^{t+\Delta t}\boldsymbol{U} = {}^{t}\boldsymbol{U} + \Delta\boldsymbol{U} \tag{5-30}$$

$${}^{t+\Delta t}\boldsymbol{\sigma} = {}^{t}\boldsymbol{\sigma} + \Delta\boldsymbol{\sigma} \tag{5-31}$$

O equilíbrio entre as forças internas ${}^{t+\Delta t}\boldsymbol{F}$ e externas ${}^{t+\Delta t}\boldsymbol{R}$ atuantes no sistema é representado por:

$$ {}^{t+\Delta t}\boldsymbol{F} = {}^{t+\Delta t}\boldsymbol{R} = \int_V \boldsymbol{B}^T\, {}^{t+\Delta t}\boldsymbol{\sigma} dV = $$
$$ \int_V \boldsymbol{B}^T\, {}^{t}\boldsymbol{\sigma}\, dV + \int_V \boldsymbol{B}^T \Delta\boldsymbol{\sigma}\, dV \qquad (5\text{-}32) $$

A resolução da Equação (5-32) envolve a utilização de dois algoritmos: um algoritmo do tipo iterativo para solução de um sistema de equações não lineares, cujo vetor de incógnitas é ${}^{t+\Delta t}\boldsymbol{U}$; um algoritmo para o cálculo do incremento de tensões $\Delta\boldsymbol{\sigma}$, que leva em conta o histórico de deformações, tensões e deslocamentos do problema. Estes algoritmos serão detalhados nas seções seguintes.

5.5 - Algoritmos para solução de equações não lineares

Dentre os muitos algoritmos disponíveis para a resolução de sistemas de equações não lineares, os algoritmos de Newton-Raphson e suas variações são bastante utilizados no MEF. Outros métodos, como o BFGS (Broyden – Fletcher – Goldfarb - Shanno), podem ser consultados nas referências (CHEN e HAN, 1988 e BATHE, 1996).

O sistema de equações a ser resolvido em uma análise não-linear pode ser resumido como:

$$ {}^{t+\Delta t}\boldsymbol{R} - {}^{t+\Delta t}\boldsymbol{F} = \boldsymbol{0} \qquad (5\text{-}33) $$

e

$$ {}^{t+\Delta t}\boldsymbol{K} = \frac{\partial\left({}^{t+\Delta t}\boldsymbol{R} - {}^{t+\Delta t}\boldsymbol{F}\right)}{\partial \boldsymbol{U}} \qquad (5\text{-}34) $$

Como o vetor de forças internas ${}^{t+\Delta t}\boldsymbol{F}$ depende não-linearmente dos deslocamentos nodais, algoritmos iterativos são necessários para solução das equações presentes em (5-33). Nas seções seguintes serão apresentados algoritmos iterativos do tipo Newton-Raphson para solução das equações não-lineares (5-33).

5.6 - Método de Newton-Raphson

As equações do método de Newton-Raphson são obtidas por meio da expansão de uma série de Taylor. O processo iterativo prossegue até que um critério de convergência seja atendido. Este método possui ordem de convergência quadrática. No entanto, a matriz de rigidez $\boldsymbol{K}$ deve ser atualizada a cada nova iteração, o que pode levar a custos computacionais elevados em sistemas com um número considerável de equações. Esse método é também denominado de "completo", devido as atualizações da matriz de rigidez a cada iteração.

O esquema iterativo do método de Newton-Raphson para a solução da Equação (5-32) é dado pelo seguinte conjunto de equações:

$$^{t+\Delta t}\boldsymbol{K}^{i-1}\Delta\boldsymbol{U}^{i} = {}^{t+\Delta t}\boldsymbol{R} - {}^{t+\Delta t}\boldsymbol{F}^{i-1} \quad (5\text{-}35)$$

$$^{t+\Delta t}\boldsymbol{U}^{i} = {}^{t+\Delta t}\boldsymbol{U}^{i-1} + \Delta\boldsymbol{U}^{i} \quad (5\text{-}36)$$

onde as estimativas iniciais são:

$$^{t+\Delta t}\boldsymbol{U}^{0} = {}^{t}\boldsymbol{U} \quad (5\text{-}37)$$

$$^{t+\Delta t}\boldsymbol{F}^{0} = {}^{t}\boldsymbol{F} \quad (5\text{-}38)$$

$$^{t+\Delta t}\boldsymbol{K}^{0} = {}^{t}\boldsymbol{K} \quad (5\text{-}39)$$

$i = 1,2,\ldots,$ número máximo de iterações

A Figura 5-2 contém uma representação esquemática do método de Newton-Raphson para um sistema com um grau de liberdade. As retas em cinza representam o processo iterativo do método para as diferentes tangentes (matriz de rigidez $\boldsymbol{K}$) à curva $F(U)$.

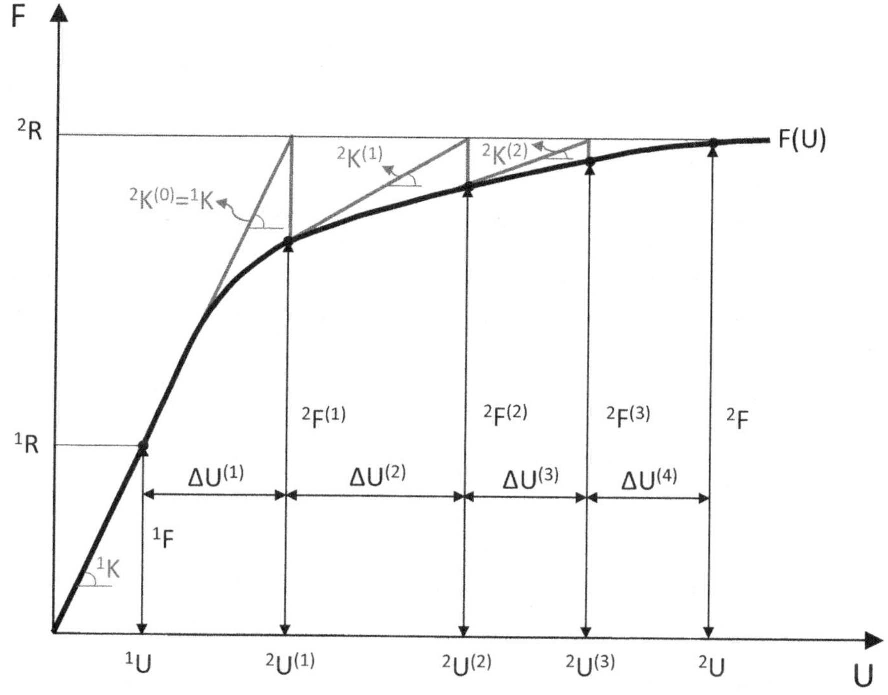

Figura 5-2: Representação esquemática do método de Newton-Raphson para um sistema com um grau de liberdade.

5.7 - Método de Newton-Raphson modificado

Uma das principais razões para a modificação do método de Newton-Raphson completo é o custo computacional elevado das atualizações da matriz de rigidez em sistemas com muitos graus de liberdade. Uma alternativa é a atualização seletiva da matriz de rigidez de acordo com o grau da não-linearidade do sistema ou de acordo com um determinado intervalo de iterações desejado. O sistema de equações a ser resolvido passa a ser então:

$$ {}^{\tau}\boldsymbol{K}\Delta\boldsymbol{U}^{i} = {}^{t+\Delta t}\boldsymbol{R} - {}^{t+\Delta t}\boldsymbol{F}^{i-1} \tag{5-40} $$

onde:

$$ {}^{t+\Delta t}\boldsymbol{U}^{0} = {}^{t}\boldsymbol{U} \tag{5-41}$$

$$ {}^{t+\Delta t}\boldsymbol{F}^{0} = {}^{t}\boldsymbol{F} \tag{5-42}$$

$i = 1,2,\dots,$ número máximo de iterações

O incremento τ é relativo a uma determinada configuração de equilíbrio nos incrementos $0, \Delta t, 2\Delta t, \dots, t$. Como a atualização da matriz de rigidez não ocorre em cada iteração, os métodos de Newton-Raphson modificado possuem uma ordem de convergência inferior ao método de Newton-Raphson completo (ordem de convergência quadrática).

5.8 - Método 'Initial Stress'

O método '*Initial Stress*' (ZIENKIEWICZ *et al.*, 1969 e BATHE, 1996), pode ser classificado como um método de Newton-Raphson modificado no qual a matriz de rigidez inicial ${}^{0}\boldsymbol{K}$ é utilizada durante todo o processo de solução do sistema de equações não-lineares. O processo iterativo é feito da seguinte forma:

$$ {}^{0}\boldsymbol{K}\Delta\boldsymbol{U}^{i} = {}^{t+\Delta t}\boldsymbol{R} - {}^{t+\Delta t}\boldsymbol{F}^{i-1} \tag{5-43}$$

$$ {}^{t+\Delta t}\boldsymbol{U}^{i} = {}^{t+\Delta t}\boldsymbol{U}^{i-1} + \Delta\boldsymbol{U}^{i} \tag{5-44}$$

onde:

$$ {}^{t+\Delta t}\boldsymbol{U}^{0} = {}^{t}\boldsymbol{U} \tag{5-45}$$

$$ {}^{t+\Delta t}\boldsymbol{F}^{0} = {}^{t}\boldsymbol{F} \tag{5-46}$$

$i = 1,2,\dots, \textit{número máximo de iterações}$

Quanto à atualização da matriz de rigidez, a utilização da matriz inicial durante todo o processo incremental-iterativo leva a um menor esforço computacional quando comparado ao método de Newton-Raphson completo. Por outro lado, a ordem de convergência é a menor dentre os métodos apresentados, sendo um maior número de iterações necessário para a convergência incremental, conforme pode ser visto na Figura 5-3.

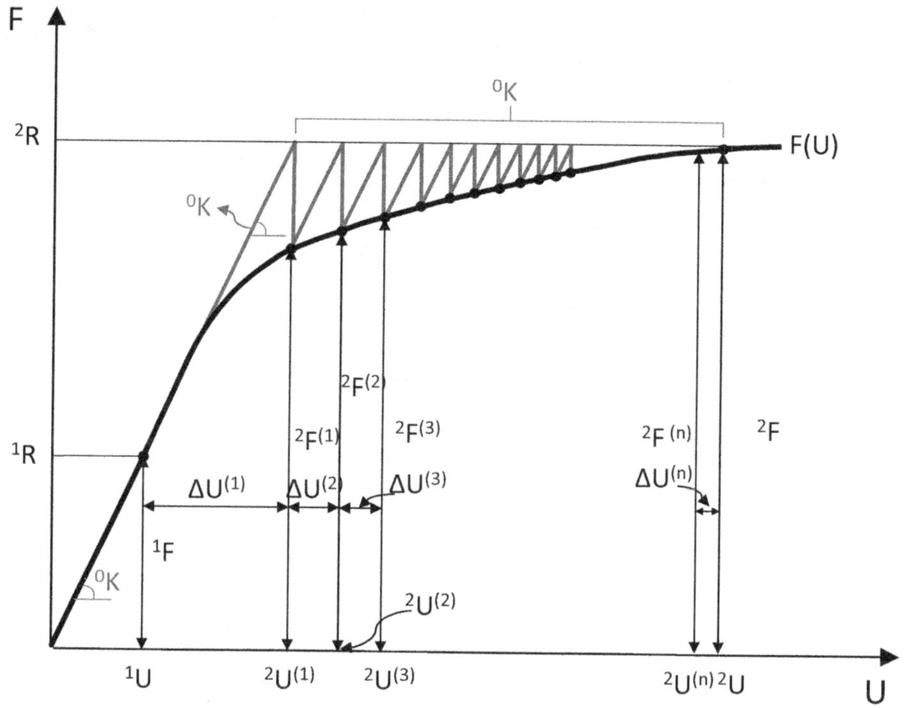

Figura 5-3: Representação esquemática do método '*Initial Stress*' para um sistema com um grau de liberdade.

Observa-se na Figura 5-3 que as inclinações das retas não mudam e são sempre iguais à inclinação inicial ${}^0K$.

5.9 - Algoritmo para cálculo de incrementos de tensão

A integração numérica da Equação (5-32) é efetuada para todos os elementos da malha, utilizando quadratura gaussiana. Isto implica no cálculo da tensão para todos os pontos de Gauss da estrutura em cada iteração da equação de equilíbrio. Porém, as relações incrementais de tensão-deformação apresentadas anteriormente são para incrementos infinitesimais, sendo que o MEF utiliza incrementos finitos. Portanto, é preciso utilizar um algoritmo para integração numérica da tensão em uma análise elastoplástica. Os algoritmos utilizados para a integração numérica da tensão (Equação (5-47)) são divididos em dois grupos: algoritmos baseados em métodos explícitos e algoritmos baseados em métodos implícitos.

$$ {}^{t+\Delta t}\boldsymbol{\sigma} = {}^{t}\boldsymbol{\sigma} + \int_{{}^{t}\sigma}^{{}^{t+\Delta t}\sigma} d\boldsymbol{\sigma} = {}^{t}\boldsymbol{\sigma} + \int_{{}^{t}\varepsilon}^{{}^{t+\Delta t}\varepsilon} \boldsymbol{D}^{ep} d\varepsilon \tag{5-47} $$

A integral da Equação (5-47) pode ser calculada numericamente com o método explícito de Euler:

$$ \int_{{}^{t}\varepsilon}^{{}^{t+\Delta t}\varepsilon} \boldsymbol{D}^{ep} d\varepsilon = \boldsymbol{D}^{ep}(\,{}^{t}\boldsymbol{\sigma})\Delta\varepsilon \tag{5-48} $$

Dividindo $\Delta\varepsilon$ em n subincrementos:

$$ \begin{aligned} \int_{{}^{t}\varepsilon}^{{}^{t+\Delta t}\varepsilon} \boldsymbol{D}^{ep} d\varepsilon = \boldsymbol{D}^{ep}(t)\frac{\Delta\varepsilon}{n} + \boldsymbol{D}^{ep}\left(t + \frac{\Delta t}{n}\right)\frac{\Delta\varepsilon}{n} + \cdots \\ + \boldsymbol{D}^{ep}\left(t + (n-1)\frac{\Delta t}{n}\right)\frac{\Delta\varepsilon}{n} \end{aligned} \tag{5-49} $$

Na Figura 5-4 é apresentado de forma esquemática o cálculo numérico da tensão ${}^{t+\Delta t}\boldsymbol{\sigma}$ para um valor de $n = 4$. O cálculo da tensão é cumulativo, sendo, portanto, necessário somar os valores de cada área hachurada A(1), A(2), A(3) e A(4) para se obter o valor de ${}^{t+\Delta t}\boldsymbol{\sigma}$.

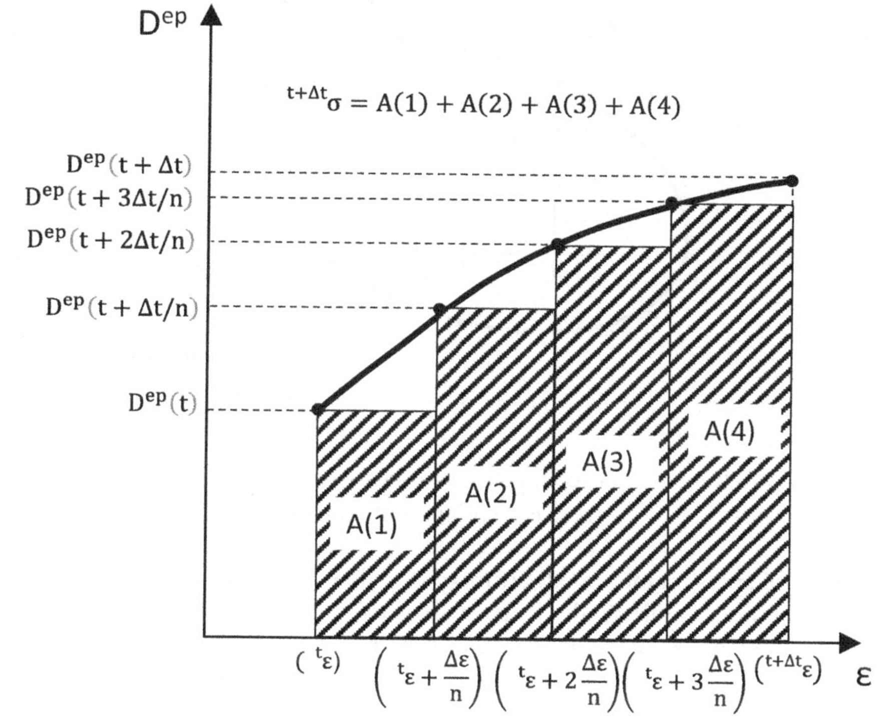

Figura 5-4: Representação esquemática do processo de cálculo numérico da tensão ${}^{t+\Delta t}\boldsymbol{\sigma}$ para $n = 4$.

Caso o número de subincrementos n não seja suficientemente grande, erros nos cálculos das tensões são acumulados, ocasionando um afastamento da superfície de escoamento com o tempo (Figura 5-5).

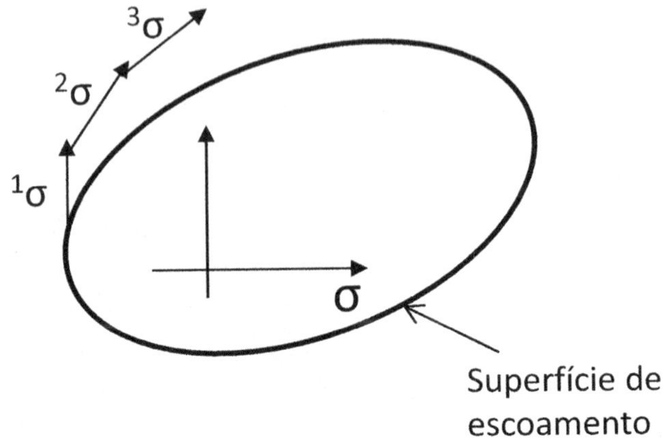

Figura 5-5: Representação esquemática das tensões calculadas numericamente (n não é suficientemente grade).

A seguir é apresentado um algoritmo para cálculo de incrementos de tensão, que utiliza o método explícito de Euler para integração numérica (BATHE, 1986) utilizando as equações apresentadas anteriormente. A implementação computacional em linguagem de programação Python é mostrada no capítulo 7.

- **Algoritmo para cálculo de tensões totais em um incremento $\boldsymbol{t + \Delta t}$.**

Dados:

${}^{t+\Delta t}\boldsymbol{\varepsilon}$= deformações totais no incremento $t + \Delta t$;

${}^{t}\boldsymbol{\sigma}$ = tensões totais no incremento t;

${}^{t}\boldsymbol{\varepsilon}$ = deformações totais no incremento t;

a) Cálculo do incremento de deformações $\Delta\boldsymbol{\varepsilon}$:

$$\Delta\boldsymbol{\varepsilon} = {}^{t+\Delta t}\boldsymbol{\varepsilon} - {}^{t}\boldsymbol{\varepsilon}$$

b) Cálculo do incremento de tensões $\Delta\boldsymbol{\sigma}_e$, assumindo comportamento elástico:

$$\Delta\boldsymbol{\sigma}_e = \boldsymbol{D}\Delta\boldsymbol{\varepsilon}$$

c) Cálculo das tensões totais ${}^{t+\Delta t}\boldsymbol{\sigma}$, assumindo comportamento elástico:

$${}^{t+\Delta t}\boldsymbol{\sigma} = {}^{t}\boldsymbol{\sigma} + \Delta\boldsymbol{\sigma}_e$$

d) Cálculo da função de escoamento f, com ${}^{t+\Delta t}\boldsymbol{\sigma}$.

e) Se $f({}^{t+\Delta t}\boldsymbol{\sigma}) < 0$, o incremento de tensão é elástico e ${}^{t+\Delta t}\boldsymbol{\sigma}$ está correto. Se $t + \Delta t$ for o último incremento de carga, o algoritmo é finalizado; caso contrário, as tensões totais são calculadas para o próximo incremento de carga.

f) Se $f({}^{t+\Delta t}\boldsymbol{\sigma}) \geq 0$, o incremento de tensão é plástico. Caso o incremento passado também tenha sido plástico, a variável "RATIO" é zerada e o usuário segue para o passo "g". Se o incremento passado foi elástico, há uma transição entre o comportamento elástico e plástico. A variável "RATIO" representa a fração elástica do incremento de deformações. Esta variável é calculada pela seguinte equação implícita, em que a função de escoamento $f = 0$ indica o início do escoamento:

$$f\left({}^{t}\boldsymbol{\sigma} + RATIO * \Delta\boldsymbol{\sigma}_e\right) = 0$$

g) Redefinição de ${}^{t+\Delta t}\boldsymbol{\sigma}$, e cálculo do incremento de deformação plástico:

$${}^{t+\Delta t}\boldsymbol{\sigma} = {}^{t}\boldsymbol{\sigma} + RATIO * \Delta\boldsymbol{\sigma}_e \qquad \Delta\boldsymbol{\varepsilon}_p = (1 - RATIO) * \Delta\boldsymbol{\varepsilon}$$

h) Divisão de $\Delta\boldsymbol{\varepsilon}_p$ em n subincrementos e cálculo acumulativo de ${}^{t+\Delta t}\boldsymbol{\sigma}$ para todos os subincrementos:

$$\delta\varepsilon_p = \frac{\Delta\varepsilon_p}{n} \qquad {}^{t+\Delta t}\boldsymbol{\sigma} \leftarrow {}^{t+\Delta t}\boldsymbol{\sigma} + \boldsymbol{D}^{ep}\delta\varepsilon_p$$

onde n é o número de subincrementos desejado. O algoritmo continua, caso $t + \Delta t$ não seja o último incremento de carga.

Baseado nos itens anteriores, um fluxograma para solução de problemas elastoplásticos com o MEF é apresentado na Figura 5-6.

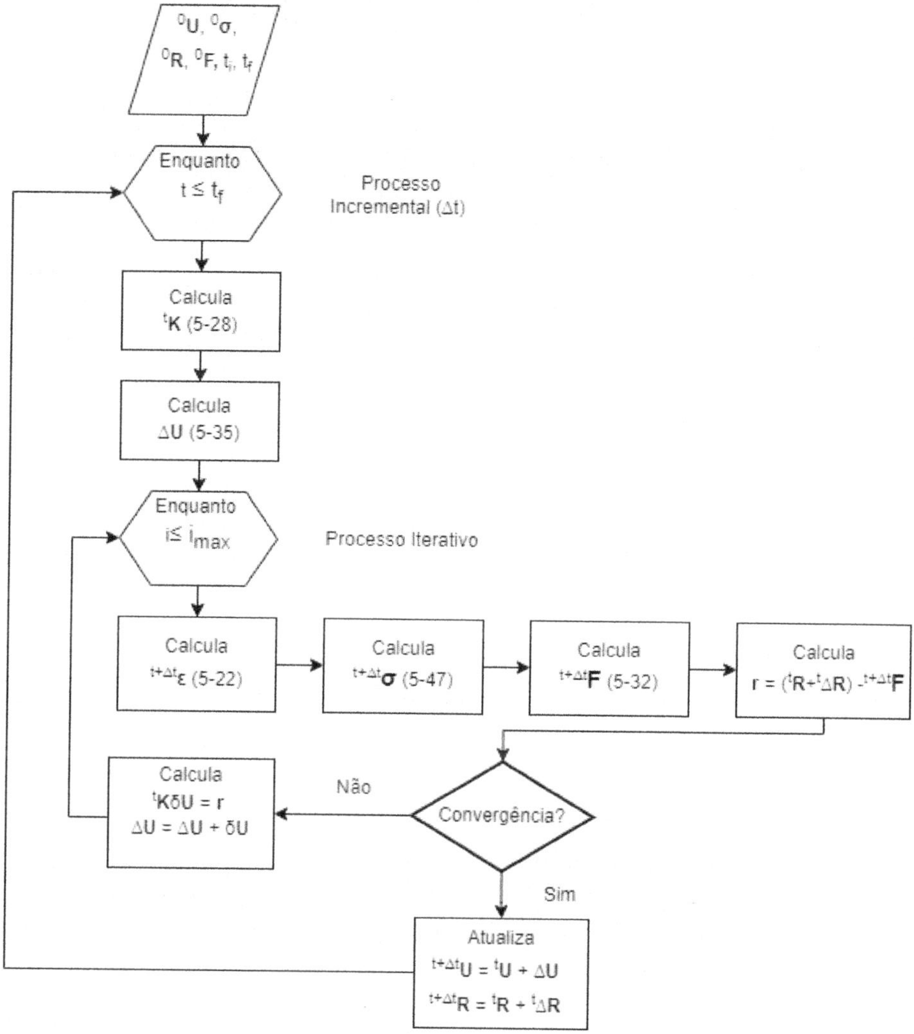

Figura 5-6: Fluxograma para solução de problemas elastoplásticos através do MEF

5.10 - Critérios de convergência

O processo iterativo mostrado no fluxograma da Figura 5-6 deve ser interrompido de acordo com um critério de convergência adequado para o tipo de problema a ser resolvido. A checagem de convergência é feita ao final de cada iteração, comparando-se a solução obtida com uma tolerância previamente definida.

Em uma análise de elementos finitos, três critérios de convergência são usualmente utilizados individualmente ou em conjunto: critério de deslocamento, critério de força e critério de energia. Nos parágrafos a seguir serão detalhados cada um desses critérios.

O critério de deslocamento é estabelecido pela expressão:

$$\left\|\Delta \boldsymbol{U}^i\right\|_2 \leq \epsilon_D \left\|{}^{t+\Delta t}\boldsymbol{U}^i - {}^{t}\boldsymbol{U}\right\|_2 \tag{5-50}$$

onde:

$\Delta \boldsymbol{U}^i$ é o incremento de deslocamento obtido na iteração *i* (Equação (5-36));

$\| \quad \|_2$ é a norma Euclideana de um vetor;

ϵ_D é uma tolerância prescrita para os deslocamentos;

${}^{t+\Delta t}\boldsymbol{U}^i$ é o deslocamento atualizado na iteração *i* e incremento $t + \Delta t$;

${}^{t}\boldsymbol{U}$ é o deslocamento calculado no incremento t.

O segundo critério utilizado na checagem de convergência do processo iterativo é o critério de força, que se baseia na diferença entre o vetor de forças externas e o vetor de forças internas $\left({}^{t+\Delta t}\boldsymbol{R} - {}^{t+\Delta t}\boldsymbol{F}\right)$. A convergência, neste caso, é alcançada quando o resíduo de forças é menor ou igual a uma tolerância prescrita ϵ_F:

$$\left\|{}^{t+\Delta t}\boldsymbol{R} - {}^{t+\Delta t}\boldsymbol{F}^i\right\|_2 \leq \epsilon_F \left\|{}^{t+\Delta t}\boldsymbol{R} - {}^{t}\boldsymbol{F}\right\|_2 \tag{5-51}$$

onde:

${}^{t+\Delta t}\boldsymbol{R}$ é o vetor de forças externas no incremento $t + \Delta t$;

${}^{t+\Delta t}\boldsymbol{F}^i$ é o vetor de forças internas atualizado na iteração *i* e incremento $t + \Delta t$;

${}^{t}\boldsymbol{F}$ é o vetor de forças internas calculado no incremento t.

O terceiro e último critério é o critério da energia, que permite avaliar simultaneamente se os vetores de deslocamentos e de forças internas estão próximos do equilíbrio:

$$\Delta \boldsymbol{U}^{i^T}\left({}^{t+\Delta t}\boldsymbol{R} - {}^{t+\Delta t}\boldsymbol{F}^i\right) \leq \epsilon_E \Delta \boldsymbol{U}^{1^T}\left({}^{t+\Delta t}\boldsymbol{R} - {}^{t}\boldsymbol{F}\right) \tag{5-52}$$

onde:

ϵ_E é a tolerância prescrita para o critério da energia.

O lado esquerdo da equação (5-52) representa o trabalho realizado pelo resíduo de forças e atualizado na iteração *i*. O termo $\Delta \boldsymbol{U}^{1^T}\left({}^{t+\Delta t}\boldsymbol{R} - {}^{t}\mathbf{F}\right)$ é o trabalho inicial realizado pelo resíduo de forças.

Os valores das tolerâncias ϵ_D, ϵ_F e ϵ_E devem ser prescritos adequadamente de acordo com o problema a ser resolvido. Enquanto valores de tolerâncias altos podem levar a resultados errados, valores muito baixos podem acarretar um esforço computacional elevado e desnecessário ou até mesmo na não convergência de um incremento. Vale ressaltar que um número máximo de iterações deve ser também estabelecido, com o intuito de evitar um "laço infinito" de verificações de convergência, situação que poderá ocorrer quando os valores obtidos nas checagens de convergência forem maiores do que os valores das tolerâncias prescritas.

Nos itens seguintes, dois problemas elastoplásticos são resolvidos numericamente por intermédio do MEF. O primeiro representa o colapso plástico de uma viga engastada e livre e trata-se de um modelo no estado plano de tensões. O segundo exemplo, calcula a carga de colapso de uma sapata corrida, de um modelo no estado plano de deformações. As soluções numéricas em ambos os casos são comparadas com soluções analíticas com o intuito de validar das rotinas computacionais implementadas em linguagem Fortran 90/95.

5.11 - Exemplo 1

No primeiro exemplo numérico, o colapso de uma viga em balanço e engastada em uma das extremidades (SOUZA NETO et al., 2008) é analisado (Figura 5-7).

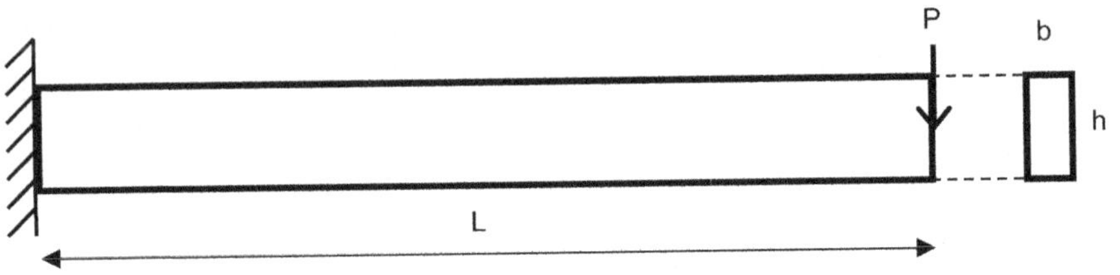

Figura 5-7: Modelo da viga engastada em balanço.

As propriedades físicas e geométricas estão reunidas na

Tabela 5-2.

Tabela 5-2: Propriedades físicas e geométricas da viga engastada e em balanço (Exemplo 1).

PROPRIEDADE	VALOR
Comprimento: L (m)	1,00
Largura da seção: b (m)	0,05
Altura da seção: h (m)	0,1
Coeficiente de Poisson: ν	0,3
Carregamento: P (kN)	40
Tensão de escoamento: σ_y (Pa)	$2{,}40 \times 10^8$
Módulo de elasticidade: E (Pa)	210×10^9

O critério de escoamento plástico perfeito com envoltória de von Mises foi utilizado no modelo.

A solução analítica para obtenção da carga limite do modelo é dada pela expressão:

$$P_{lim} = \frac{\sigma_y b h^2}{4L} = 30\ kN \qquad (5\text{-}53)$$

Com o intuito de avaliar a carga limite obtida numericamente pelo MEF, foi prescrita uma carga máxima igual a 40 kN dividida em 100 incrementos.

O modelo foi discretizado em 80 elementos finitos quadriláteros de oito nós, com (2x2) pontos de integração de Gauss no estado plano de tensões, totalizando 289 nós. Foram utilizados 20 elementos ao longo do comprimento e 4 elementos ao longo da altura da seção (Figura 5-8).

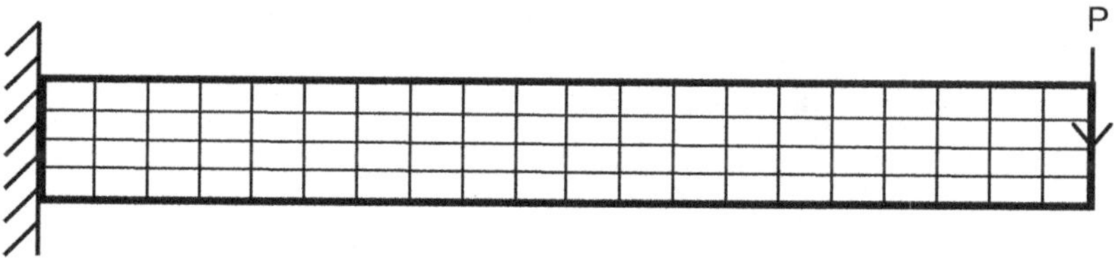

Figura 5-8: Malha de elementos finitos da viga.

As tolerâncias ϵ_D e ϵ_F foram iguais a 10^{-3} e o método de Newton-Raphson completo foi utilizado para a solução do sistema de equações não-lineares.

Com relação aos resultados, na Figura 5-9, a curva carga x deslocamento vertical do nó de aplicação da carga é comparada à solução analítica obtida através da Equação (5-53).

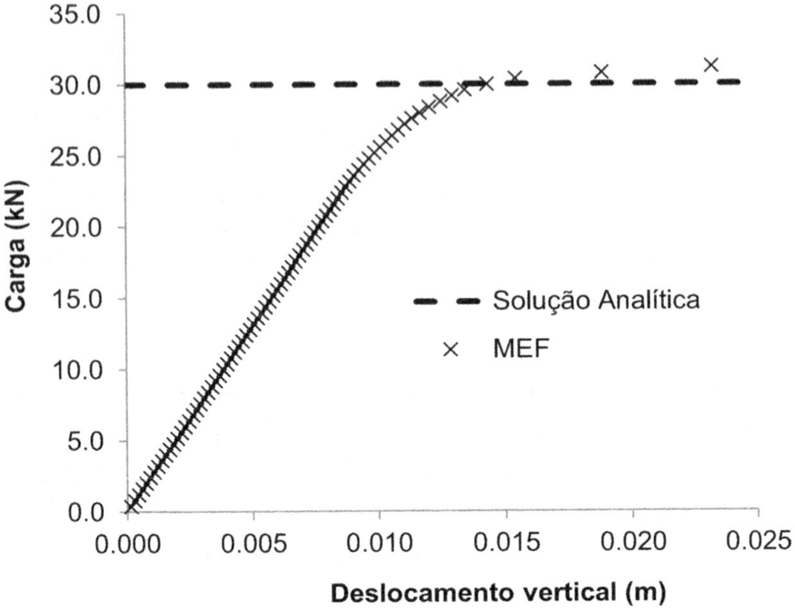

Figura 5-9: Deslocamento vertical do nó de aplicação da carga P.

Conforme observado na Figura 5-9, houve boa aderência entre a resposta numérica obtida via MEF e a solução analítica: a diferença entre as duas respostas foi de aproximadamente 4%.

Na Figura 5-10 é mostrada a evolução da plastificação da viga engastada em quatro incrementos de carga distintos, sendo o último deles ($P = 31{,}2\ kN$) correspondente à carga limite obtida pelo MEF.

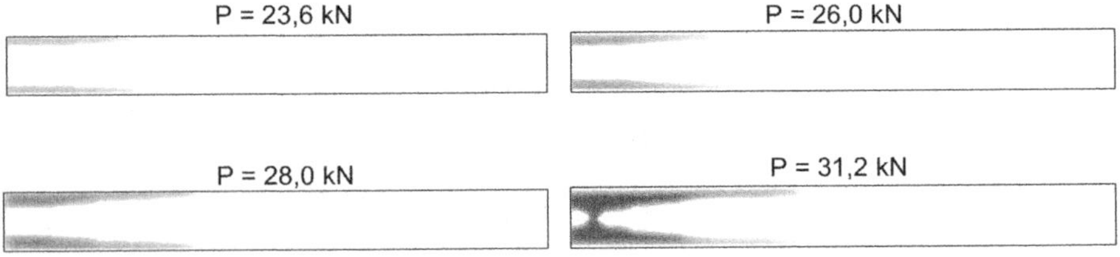

Figura 5-10: Evolução da plastificação da viga engastada.

Na Figura 5-10, observa-se a evolução da plastificação a partir da região do engaste da viga, conforme esperado. Após o incremento correspondente à carga $P = 31{,}2\ kN$, o equilíbrio entre forças interna e externa não é mais atingido durante a simulação numérica, levando à sua interrupção pelo critério do número máximo de iterações.

5.12 - Exemplo 2

Neste segundo exemplo numérico, a carga limite de uma sapata corrida foi também calculada analiticamente e numericamente (ARAÚJO FERNANDES *et al.*, 2017). A sapata corrida foi considerada rígida, assentada sobre o solo e possuindo dimensões B e L. Uma pressão vertical P é aplicada sobre a sapata com o objetivo de determinar a pressão de colapso. Adotou-se o estado plano de deformações para o modelo e o solo foi representado com leis constitutivas de escoamento plástico de Mohr-Coulomb. A geometria do problema é apresentada na Figura 5-11 a seguir.

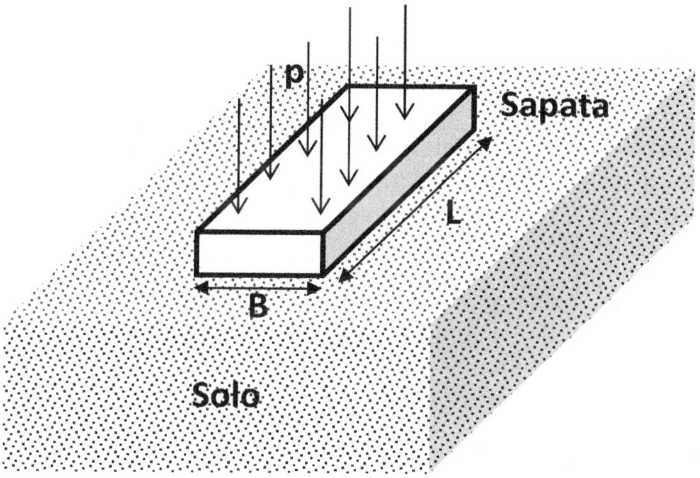

Figura 5-11: Modelo da sapata corrida.

Os parâmetros físicos do modelo são apresentados na Tabela 5-3.

Tabela 5-3: Parâmetros físicos do modelo da sapata corrida (Exemplo 2).

Propriedade	**Valor**
Comprimento: L (m)	5,00
Largura: B (m)	1,00
Coeficiente de Poisson: ν	0,30
Módulo de Young do solo: E (Pa)	5×10^6
Coesão: c (Pa)	10^4
Ângulo de fricção: ϕ (°)	20

Na análise com elementos finitos, um deslocamento prescrito total de 0,06 m foi aplicado na sapata corrida no decorrer de cem incrementos de carga. A pressão média aplicada p foi calculada dividindo a reação total sobre a sapata pelas dimensões B e L.

A malha adotada consiste em 3697 nós e 1184 elementos quadriláteros de oito nós com (2x2) pontos de integração de Gauss. A profundidade e largura da camada de solo (H) foram consideradas iguais a 5 m. Aproveitando-se da simetria do problema, utilizou-se a metade do domínio na análise com elementos finitos (Figura 5-12).

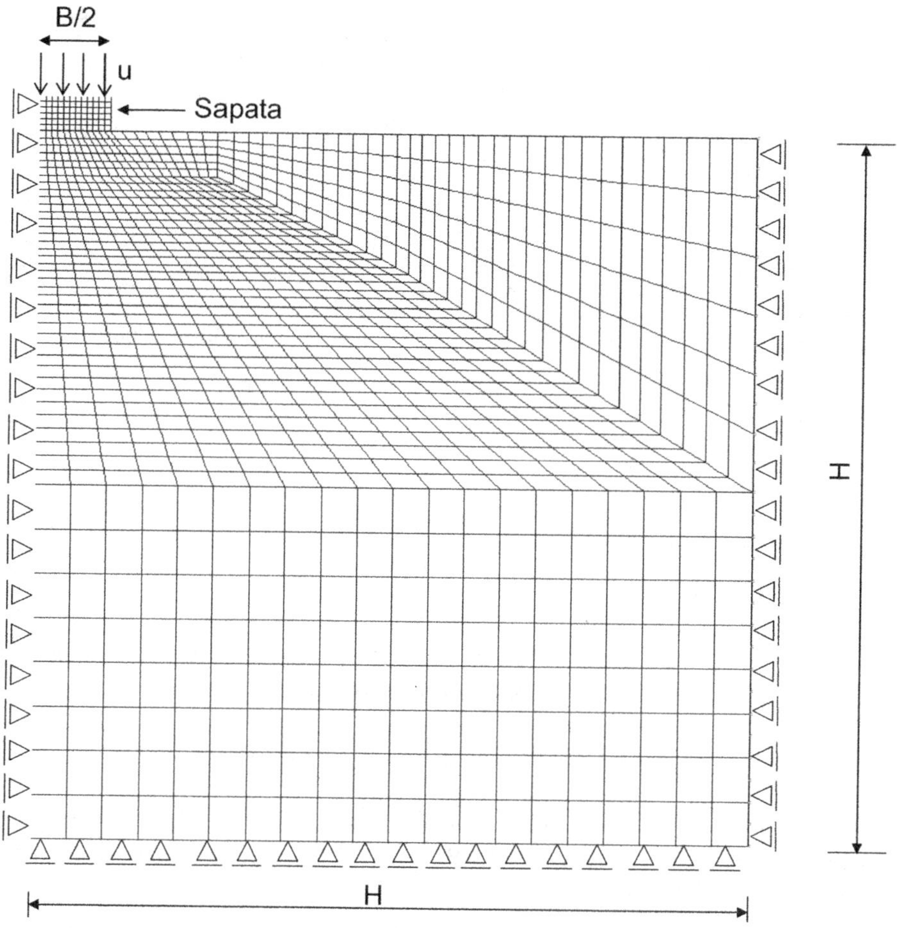

Figura 5-12: Malha de elementos finitos da sapata corrida.

As tolerâncias ϵ_D e ϵ_F foram iguais a 10^{-3} e o método de Newton-Raphson completo foi utilizado para a solução do sistema de equações não-lineares. Na Figura 5-13 são mostradas as respostas de curvas de pressão x deslocamento da solução analítica de Terzaghi (LAMBE e WHITMAN, 1979) e da solução numérica pelo MEF.

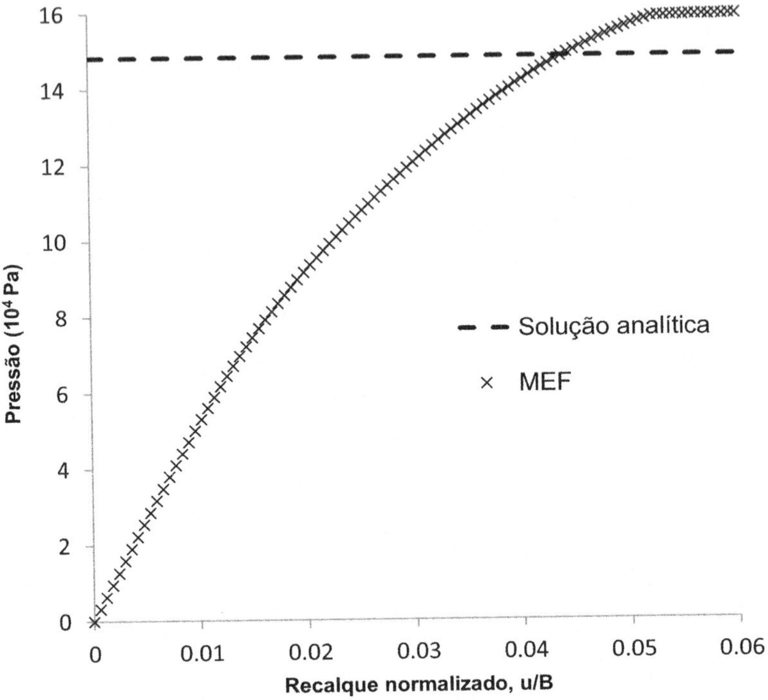

Figura 5-13: Curvas de pressão x deslocamento.

Observa-se que a pressão limite calculada pelo MEF foi bastante próxima à solução analítica de Terzaghi ($14{,}83 \times 10^4\ Pa$) com uma diferença de aproximadamente 7% entre as duas.

A evolução da zona plástica, no decorrer da análise é representada pelas regiões de cor preta na Figura 5-14. O incremento 87 ($15{,}86 \times 10^4\ Pa$) corresponde aproximadamente à pressão limite.

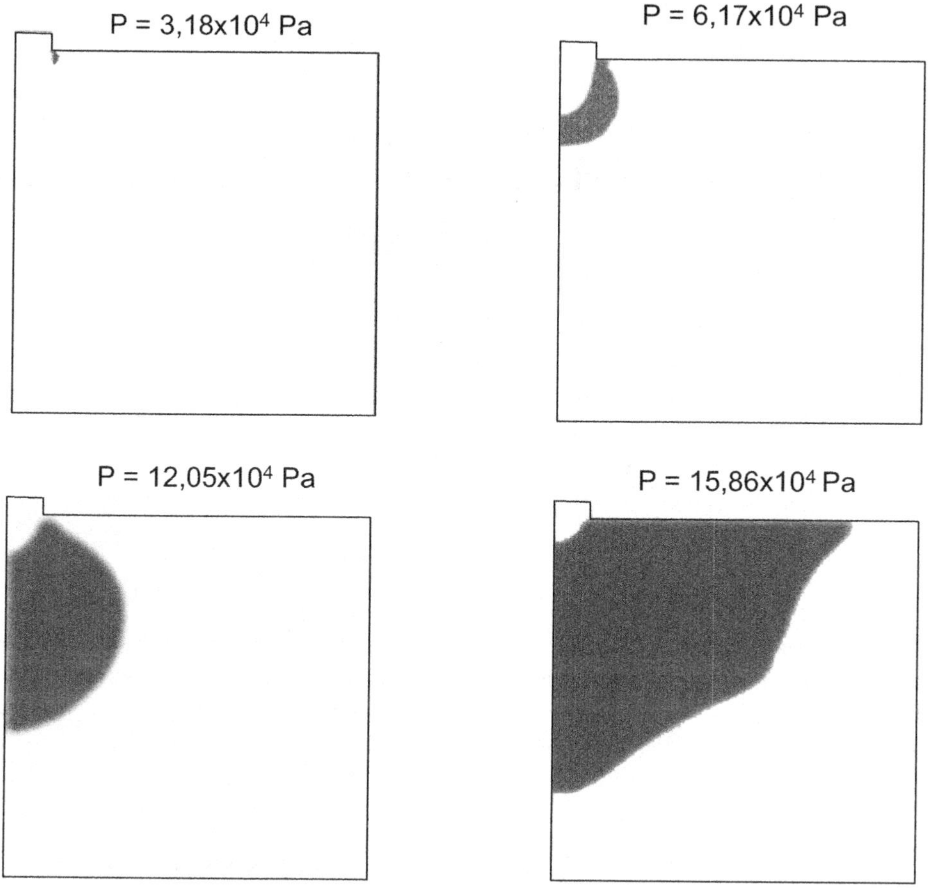

Figura 5-14: Evolução da zona plástica do modelo.

Conforme esperado, a zona de plastificação propaga-se a partir da região em contato com a sapata. Nas regiões longe da sapata, não houve plastificação nos incrementos apresentados.

6. Detalhes da notação utilizada

6.1 - Introdução

Nos parágrafos a seguir serão apresentadas algumas observações e definições básicas relativas à notação indicial utilizada neste livro. A notação indicial permite reduzir a quantidade de termos de uma expressão, o que leva a uma simplificação das equações constitutivas estudadas na elastoplasticidade.

6.2 - Sistema de eixos cartesianos

Será considerado um sistema de eixos cartesianos dextrogiro x, y, z ou x_1, x_2, x_3 no espaço tridimensional (Figura 6-1).

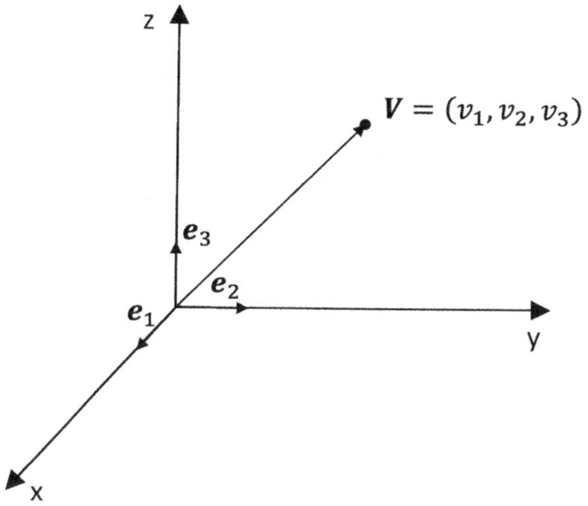

Figura 6-1: Sistema de eixos cartesianos dextrogiro.

Um vetor $\boldsymbol{V}$ qualquer pode ser representado nesse sistema de eixos da seguinte forma:

$$\boldsymbol{V} = (v_1, v_2, v_3) = v_1\boldsymbol{e}_1 + v_2\boldsymbol{e}_2 + v_3\boldsymbol{e}_3 \tag{6-1}$$

onde $\mathbf{e}_1$, $\mathbf{e}_2$ e $\mathbf{e}_3$ são os vetores unitários representados na Figura 6-1 e v_1, v_2 e v_3 são as componentes escalares do vetor $\boldsymbol{V}$.

Na notação indicial, as componentes v_1, v_2 e v_3 são representadas por uma única componente v_i, com um subscrito único que varia de 1 até 3 e que poderia ter sido escrito com outra letra, no lugar da letra "*i*". A expressão $v_i = 0$, por exemplo, significa que todas as componentes do vetor $\boldsymbol{V}$ são nulas:

$$v_1 = v_2 = v_3 = 0 \tag{6-2}$$

6.3 - Convenção da soma

A convenção da soma estabelece que quando houver a ocorrência dupla de um subscrito (índice repetido), o termo deverá ser somado de 1 até 3. Como exemplo, seja o produto escalar dos vetores $\boldsymbol{u}$ e $\boldsymbol{v}$:

$$\boldsymbol{u} \cdot \boldsymbol{v} = u_1 v_1 + u_2 v_2 + u_3 v_3 = u_i v_i \tag{6-3}$$

Observar que a ocorrência dupla do subscrito "*i*" elimina a necessidade de representar o símbolo Σ de soma.

Diferentemente do índice repetido, o índice livre não é somado e indica o número de equações associado ao termo. No exemplo a seguir, o subscrito "*i*" é o índice livre e o subscrito "*j*" é o índice repetido:

$$a_{ij} b_j = c_i \tag{6-4}$$

Explicitando o índice livre "*i*", tem-se:

$$\begin{aligned} a_{1j} b_j &= c_1 \\ a_{2j} b_j &= c_2 \\ a_{3j} b_j &= c_3 \end{aligned} \tag{6-5}$$

Explicitando o índice repetido "*j*", tem-se:

$$\begin{aligned} a_{11} b_1 + a_{12} b_2 + a_{13} b_3 &= c_1 \\ a_{21} b_1 + a_{22} b_2 + a_{23} b_3 &= c_2 \\ a_{31} b_1 + a_{32} b_2 + a_{33} b_3 &= c_3 \end{aligned} \tag{6-6}$$

Conforme visto acima, a presença de um índice livre indica a existência de vetores na expressão.

No caso da representação do divergente do vetor $\boldsymbol{v}$, a convenção da soma é usada da seguinte forma:

$$\nabla \cdot \boldsymbol{v} = \frac{\partial v_i}{\partial x_i} \tag{6-7}$$

A expansão do índice repetido "*i*" leva a expressão de soma escalar:

$$\frac{\partial v_i}{\partial x_i} = \frac{\partial v_1}{\partial x_1} + \frac{\partial v_2}{\partial x_2} + \frac{\partial v_3}{\partial x_3} \tag{6-8}$$

Como último exemplo da utilização da convenção da soma, seja o gradiente da função $f(x_1, x_2, x_3)$:

$$\nabla f = \frac{\partial f}{\partial x_1} \boldsymbol{e}_1 + \frac{\partial f}{\partial x_2} \boldsymbol{e}_2 + \frac{\partial f}{\partial x_3} \boldsymbol{e}_3 \tag{6-9}$$

em notação indicial, tem-se a seguinte expressão:

$$\nabla f = \frac{\partial f}{\partial x_i} \tag{6-10}$$

6.4 - Delta de Kronecker

O delta de Kronecker é representado pelo símbolo δ_{ij}, com $i, j = 1,2,3$ e componentes dadas por:

$$\begin{gathered} \delta_{ij} = 0, se\ i \neq j, \\ \delta_{ij} = 1, se\ i = j. \end{gathered} \tag{6-11}$$

Os subscritos "*i*" e "*j*" são índices livres, o que leva a um total de nove componentes:

$$\begin{gathered} \delta_{11} = \delta_{22} = \delta_{33} = 1 \\ \delta_{12} = \delta_{13} = \delta_{21} = \delta_{23} = \delta_{31} = \delta_{32} = 0 \end{gathered} \tag{6-12}$$

Em notação matricial, o delta de Kronecker pode ser representado como uma matriz identidade de ordem 3:

$$\begin{bmatrix} \delta_{11} & \delta_{12} & \delta_{13} \\ \delta_{21} & \delta_{22} & \delta_{23} \\ \delta_{31} & \delta_{32} & \delta_{33} \end{bmatrix} = [I] = \begin{bmatrix} 1 & 0 & 0 \\ 0 & 1 & 0 \\ 0 & 0 & 1 \end{bmatrix} = [\delta_{ij}] \tag{6-13}$$

Os vetores unitários e ortogonais entre si $\mathbf{e}_1$, $\mathbf{e}_2$ e $\mathbf{e}_3$, podem ter o seu produto escalar representado com δ_{ij}:

$$\boldsymbol{e}_i \cdot \boldsymbol{e}_j = \delta_{ij} \tag{6-14}$$

6.5 - Tensor de tensões

Na utilização de métodos numéricos, como por exemplo o MEF, tensores simétricos de segunda ordem são geralmente escritos como matrizes coluna. Essa conversão tensor-matriz é denominada de notação de Voigt. A seguir serão apresentados os tensores de tensões bidimensionais e tridimensionais e as suas conversões através da notação de Voigt.

Em modelos bidimensionais do estado plano de tensões, o tensor de tensões tem quatro componentes:

$$\sigma_{ij} = \begin{bmatrix} \sigma_{11} & \sigma_{12} \\ \sigma_{21} & \sigma_{22} \end{bmatrix} = \begin{bmatrix} \sigma_x & \tau_{xy} \\ \tau_{yx} & \sigma_y \end{bmatrix} \tag{6-15}$$

Onde σ_{11} e σ_{22} são as componentes normais do tensor e $\sigma_{12} = \sigma_{21}$ são as componentes cisalhantes.

Utilizando a notação de Voigt, o tensor de tensões é convertido em uma matriz coluna com três componentes (Figura 6-2):

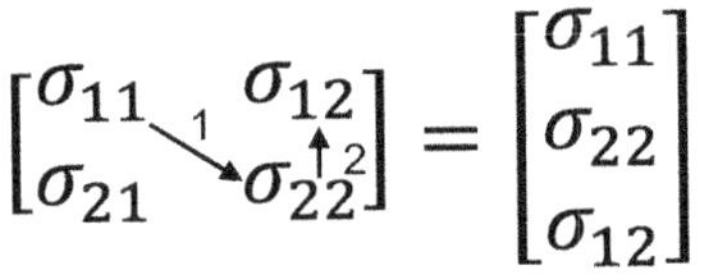

Figura 6-2: Esquema mnemônico da notação de Voigt para conversão de tensor de tensões do estado plano de tensões em matriz coluna.

onde as setas e os números indicam a sequência para conversão do tensor de tensões.

Em modelos bidimensionais do estado plano de deformações, o tensor de tensões tem cinco componentes:

$$\sigma_{ij} = \begin{bmatrix} \sigma_{11} & \sigma_{12} & - \\ \sigma_{21} & \sigma_{22} & - \\ - & - & \sigma_{33} \end{bmatrix} = \begin{bmatrix} \sigma_x & \tau_{xy} & - \\ \tau_{yx} & \sigma_y & - \\ - & - & \sigma_z \end{bmatrix} \tag{6-16}$$

Onde σ_{11}, σ_{22} e σ_{33} são as componentes normais do tensor e $\sigma_{12} = \sigma_{21}$ são as componentes cisalhantes.

Utilizando a notação de Voigt, o tensor de tensões é convertido em uma matriz coluna com quatro componentes (Figura 6-3):

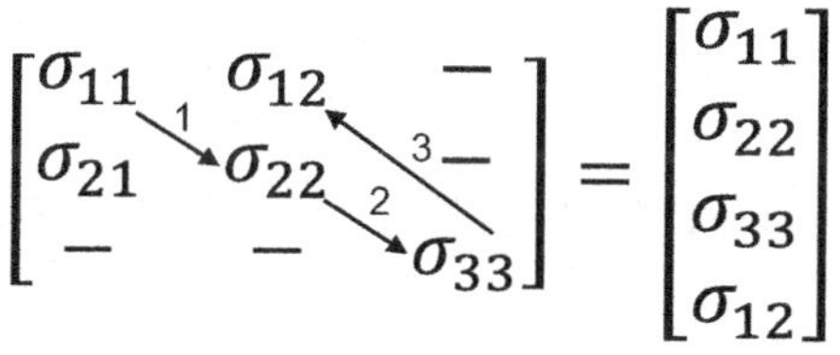

Figura 6-3: Esquema mnemônico da notação de Voigt para conversão de tensor de tensões do estado plano de deformações em matriz coluna.

onde as setas e os números indicam a sequência para conversão do tensor de tensões.

Em modelos tridimensionais, o tensor de tensões possui nove componentes e é dado pela seguinte expressão:

$$\sigma_{ij} = \begin{bmatrix} \sigma_{11} & \sigma_{12} & \sigma_{13} \\ \sigma_{21} & \sigma_{22} & \sigma_{23} \\ \sigma_{31} & \sigma_{32} & \sigma_{33} \end{bmatrix} \tag{6-17}$$

onde σ_{11}, σ_{22} e σ_{33} são as componentes normais do tensor e σ_{12}, σ_{13}, σ_{21}, σ_{23}, σ_{31} e σ_{32} são as componentes cisalhantes.

Outra forma de escrever o tensor de tensões é:

$$\sigma_{ij} = \begin{bmatrix} \sigma_x & \tau_{xy} & \tau_{xz} \\ \tau_{yx} & \sigma_y & \tau_{yz} \\ \tau_{zx} & \tau_{zy} & \sigma_z \end{bmatrix} \tag{6-18}$$

onde as componentes cisalhantes do tensor são escritas com τ.

A conversão do tensor de tensões tridimensional em uma matriz coluna utilizando a notação de Voigt é feita da seguinte forma (Figura 6-4):

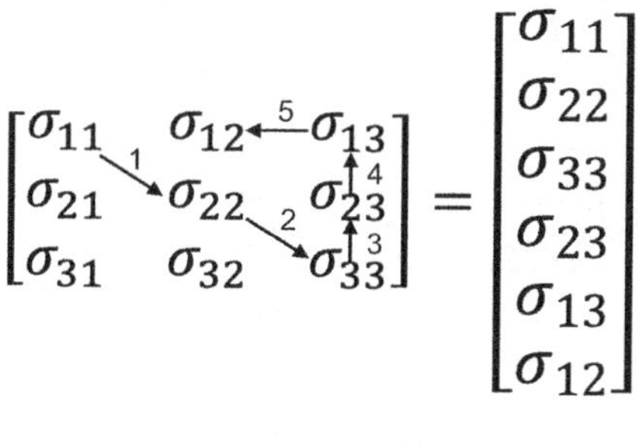

Figura 6-4: Esquema mnemônico da notação de Voigt para conversão de tensor de tensões 3D em matriz coluna.

onde as setas e os números indicam a sequência de conversão do tensor de tensões.

6.6 - Tensor de deformações

Assim como no caso do tensor de tensões, o tensor de deformações pode também ser convertido em uma matriz coluna através da notação de Voigt.

No modelo bidimensional do estado plano de tensões, o tensor de deformações é composto por quatro componentes:

$$\varepsilon_{ij} = \begin{bmatrix} \varepsilon_{11} & \varepsilon_{12} \\ \varepsilon_{21} & \varepsilon_{22} \end{bmatrix} = \begin{bmatrix} \varepsilon_{xx} & \varepsilon_{xy} \\ \varepsilon_{yx} & \varepsilon_{yy} \end{bmatrix} = \begin{bmatrix} \varepsilon_x & \dfrac{\gamma_{xy}}{2} \\ \dfrac{\gamma_{yx}}{2} & \varepsilon_y \end{bmatrix} \quad (6\text{-}19)$$

Onde γ é a deformação cisalhante de engenharia, definida como a variação angular total entre duas fibras do corpo que estavam perpendiculares antes da deformação (Equação (6-20)), conforme mostrado na Figura 6-5:

$$\gamma_{xy} = \gamma_{yx} = 2\varepsilon_{12} = 2\varepsilon_{xy} \quad (6\text{-}20)$$

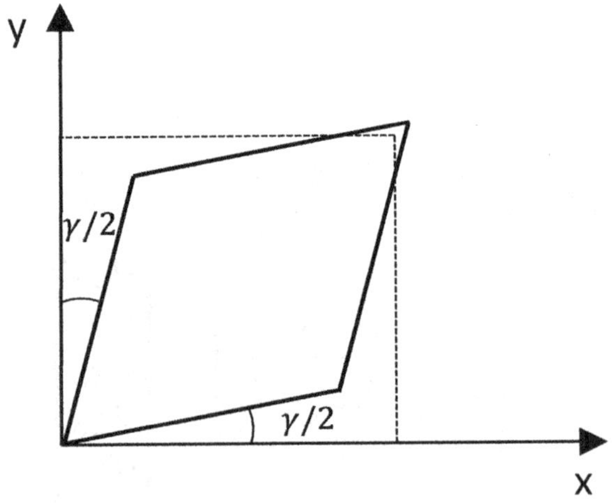

Figura 6-5: Representação da deformação cisalhante de engenharia. As linhas tracejadas correspondem à posição original do corpo. As linhas cheias correspondem posição final do corpo.

Utilizando a notação de Voigt, o tensor de deformações do estado plano de tensões é convertido em uma matriz coluna com três componentes, onde as setas e os números indicam a sequência para conversão do tensor de deformações (Figura 6-6):

$$\begin{bmatrix} \varepsilon_{11} & \varepsilon_{12} \\ \varepsilon_{21} & \varepsilon_{22} \end{bmatrix} = \begin{bmatrix} \varepsilon_{11} \\ \varepsilon_{22} \\ 2\varepsilon_{12} \end{bmatrix}$$

Figura 6-6: Esquema mnemônico da notação de Voigt para conversão de tensor de deformações do estado plano de tensões em matriz coluna.

No modelo bidimensional do estado plano de deformações, o tensor de deformações é composto por cinco componentes:

$$\varepsilon_{ij} = \begin{bmatrix} \varepsilon_{11} & \varepsilon_{12} & - \\ \varepsilon_{21} & \varepsilon_{22} & - \\ - & - & \varepsilon_{33} \end{bmatrix} = \begin{bmatrix} \varepsilon_{x} & \varepsilon_{xy} & - \\ \varepsilon_{yx} & \varepsilon_{y} & - \\ - & - & \varepsilon_{z} \end{bmatrix} = \begin{bmatrix} \varepsilon_{x} & \frac{\gamma_{xy}}{2} & - \\ \frac{\gamma_{yx}}{2} & \varepsilon_{y} & - \\ - & - & \varepsilon_{z} \end{bmatrix} \quad (6\text{-}21)$$

Utilizando a notação de Voigt, o tensor de deformações do estado plano de deformações é convertido em uma matriz coluna com quatro componentes, onde as setas e os números indicam a sequência para conversão do tensor de deformações (Figura 6-7):

$$\begin{bmatrix} \varepsilon_{11} & \varepsilon_{12} & - \\ \varepsilon_{21} & \varepsilon_{22} & - \\ - & - & \varepsilon_{33} \end{bmatrix} = \begin{bmatrix} \varepsilon_{11} \\ \varepsilon_{22} \\ \varepsilon_{33} \\ 2\varepsilon_{12} \end{bmatrix}$$

Figura 6-7: Esquema mnemônico da notação de Voigt para conversão de tensor de deformações do estado plano de deformações em matriz coluna.

A conversão do tensor de deformações tridimensional em uma matriz coluna utilizando a notação de Voigt é apresentada abaixo, onde as setas e os números indicam a sequência para conversão do tensor de deformações (Figura 6-8):

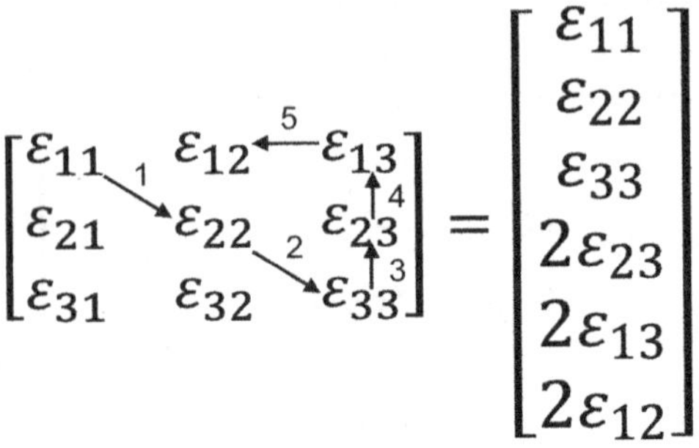

Figura 6-8: Esquema mnemônico da notação de Voigt para conversão de tensor de deformações 3D em matriz coluna.

6.7 - Operador gradiente simétrico

No caso tridimensional, o operador gradiente simétrico é dado pela seguinte expressão:

$$\nabla_s = \begin{bmatrix} \frac{\partial}{\partial x_1} & 0 & 0 \\ 0 & \frac{\partial}{\partial x_2} & 0 \\ 0 & 0 & \frac{\partial}{\partial x_3} \\ 0 & \frac{\partial}{\partial x_3} & \frac{\partial}{\partial x_2} \\ \frac{\partial}{\partial x_3} & 0 & \frac{\partial}{\partial x_1} \\ \frac{\partial}{\partial x_2} & \frac{\partial}{\partial x_1} & 0 \end{bmatrix} \qquad (6\text{-}22)$$

Especificamente para a deformação, tem-se:

$$\boldsymbol{\varepsilon} = \nabla_s \boldsymbol{u} = \begin{bmatrix} \frac{\partial}{\partial x_1} & 0 & 0 \\ 0 & \frac{\partial}{\partial x_2} & 0 \\ 0 & 0 & \frac{\partial}{\partial x_3} \\ 0 & \frac{\partial}{\partial x_3} & \frac{\partial}{\partial x_2} \\ \frac{\partial}{\partial x_3} & 0 & \frac{\partial}{\partial x_1} \\ \frac{\partial}{\partial x_2} & \frac{\partial}{\partial x_1} & 0 \end{bmatrix} \begin{bmatrix} u_1 \\ u_2 \\ u_3 \end{bmatrix} = \begin{bmatrix} \frac{\partial u_1}{\partial x_1} \\ \frac{\partial u_2}{\partial x_2} \\ \frac{\partial u_3}{\partial x_3} \\ \frac{\partial u_2}{\partial x_3} + \frac{\partial u_3}{\partial x_2} \\ \frac{\partial u_1}{\partial x_3} + \frac{\partial u_3}{\partial x_1} \\ \frac{\partial u_1}{\partial x_2} + \frac{\partial u_2}{\partial x_1} \end{bmatrix} = \begin{bmatrix} \varepsilon_{11} \\ \varepsilon_{22} \\ \varepsilon_{33} \\ 2\varepsilon_{12} \\ 2\varepsilon_{23} \\ 2\varepsilon_{31} \end{bmatrix} \qquad (6\text{-}23)$$

Em duas dimensões, a expressão $\nabla \boldsymbol{v}.\boldsymbol{\sigma}$ é reescrita na forma matricial com o operador gradiente simétrico da seguinte forma (FISH e BELYTSCHKO, 2007):

$$
\begin{aligned}
\nabla \boldsymbol{v}.\boldsymbol{\sigma} &= \boldsymbol{\nabla} v_x.\boldsymbol{\sigma}_x + \boldsymbol{\nabla} v_y.\boldsymbol{\sigma}_y \\
&= \left(\frac{\partial v_x}{\partial x}\boldsymbol{i} + \frac{\partial v_x}{\partial y}\boldsymbol{j}\right).\left(\sigma_{xx}\boldsymbol{i} + \sigma_{xy}\boldsymbol{j}\right) \\
&+ \left(\frac{\partial v_y}{\partial x}\boldsymbol{i} + \frac{\partial v_y}{\partial y}\boldsymbol{j}\right).\left(\sigma_{yx}\boldsymbol{i} + \sigma_{yy}\boldsymbol{j}\right) \\
&= \left[\left(\frac{\partial v_x}{\partial x}\right)\left(\frac{\partial v_y}{\partial y}\right)\left(\frac{\partial v_x}{\partial y} + \frac{\partial v_y}{\partial x}\right)\right]\begin{bmatrix}\sigma_{xx} \\ \sigma_{yy} \\ \sigma_{xy}\end{bmatrix} = (\nabla_s \boldsymbol{v})^T \boldsymbol{\sigma}
\end{aligned}
\tag{6-24}
$$

7. Implementação computacional do algoritmo para cálculo de incrementos de tensão

7.1 - Introdução

O objetivo deste capítulo é descrever a implementação do programa "atualiza_sig" para cálculo de incrementos de tensão baseado no método explícito de Euler, conforme mostrado no capítulo 5.

O modelo estrutural do estado plano de tensões e a envoltória de von Mises foram utilizados por motivos didáticos.

Ressalta-se que o programa "atualiza_sig" não é um programa de elementos finitos completo, mas um programa específico para ser utilizado em análises com não-linearidades físicas. O leitor que deseje maiores informações sobre a implementação computacional de um programa de elementos finitos poderá consultar, por exemplo, as referências LOGAN (2007), KATTAN (2008) e BATHE (1996).

O nível de detalhamento apresentado neste capítulo é para que o leitor entenda a implementação computacional de algumas equações importantes apresentadas anteriormente e para que também entenda a utilização de alguns métodos e bibliotecas numéricas disponíveis na linguagem de programação Python.

Para a instalação e utilização do Python, as referências MATTHES (2017), SWEIGART (2017) e https://www.python.org poderão ser consultadas.

Tópicos de computação numérica em Python e informações sobre bibliotecas numéricas podem ser encontradas em LINGE e LANGTANGEN (2020), https://numpy.org e https://scipy.org.

A modularização do código computacional permite a sua integração em um programa de elementos finitos ou a adição de funcionalidades novas.

As informações sobre o programa "atualiza_sig" são apresentadas na forma de comentários no próprio código computacional.

7.2 - Código computacional do programa atualiza_sig

```
"""
Função para cálculo de tensões totais em um incremento t+dt

Livro: Plasticidade - Teoria e Exemplos na Engenharia (Capitulo 5.9)

Aviso 1: Este script foi desenvolvido apenas para propósitos didáticos.
Aviso 2: O Autor não se responsabiliza por qualquer cálculo ou projeto
feito com esse script.
"""
import numpy as np
from scipy.optimize import fsolve


def atualiza_sig(deft0, deft1, sigt0, young, poisson, sigy, iplas, n):
    #-------------------------------------------------------------------
    #A função atualiza_sig atualiza o vetor de tensões totais para o
    #incremento t+dt no estado plano de tensões.
    #Os seguintes dados de entrada devem ser fornecidos:
    #deft0 = Vetor de deformações totais no incremento t
    #deft1 = Vetor de deformações totais no incremento t+dt
    #sigt0 = Vetor de tensões totais no incremento t
    #young = Módulo de elasticidade longitudinal ou módulo de Young
    #poisson = Coeficiente de poisson
    #sigy = Tensão de escoamento
    #iplas = Índice de plastificação:
    #iplas = 1: incremento t plastico
    #iplas = 0: incremento t elastico
    #n = Número de subincrementos para divisao do vetor defp

    #A função atualiza_sig retornará como resultado:
```

```
#sigt1 = Vetor de tensões totais no incremento t+dt
#------------------------------------------------------------------


def calc_a(sig):
    #--------------------------------------------------------------
    #A função calc_a calcula o vetor "a" do gradiente da função de
    #escoamento.
    #O seguinte dado de entrada deve ser fornecido:
    #sig = Vetor de tensões

    #A função calc_a retornará como resultado:
    #vec_a = Vetor "a"
    #--------------------------------------------------------------
--

    vec_a = np.array([0., 0., 0.])

    vec_a[0] = (0.5*(2.*sig[0]-
sig[1]))/(np.sqrt(np.power(sig[0],2)-
                                           sig[0]*sig[1]+
np.power(sig[1],2)+
                                           3.*np.power(sig[2],2)))

    vec_a[1] = (0.5*(-
sig[0]+2.*sig[1]))/(np.sqrt(np.power(sig[0],2)-
                                    sig[0]*sig[1]+
                                    np.power(sig[1],2) +
                                    3.*np.power(sig[2],2)))

    vec_a[2] = (3.*sig[2])/(np.sqrt(np.power(sig[0],2) -
                           sig[0]*sig[1]+np.power(sig[1],2) +
                           3.*np.power(sig[2],2)))

    return vec_a
#------------------------------------------------------------------
def calc_dep(a, de):
```

```
#-----------------------------------------------------------------

#A função calc_dep calcula a matriz elastoplástica dep.
#Os seguintes dados de entrada devem ser fornecidos:
#a = Vetor "a"
#de = Matriz constitutiva elástica

#A função calc_dep retornará como resultado:
#dep = Matriz elastoplástica

#OBS: A conversão do vetor "a" para uma matriz é necessária para
#utilização da rotina matmul da biblioteca numérica numpy.
#-----------------------------------------------------------------

#Definições e inicializações dos vetores "a" e "a" transposto:
mat_a = np.array([[a[0], 0., 0.],[a[1], 0., 0.],[a[2], 0., 0.]])
mat_at = np.array([[a[0],a[1],a[2]],[0., 0., 0.],[0., 0., 0.]])
#-----------------------------------------------------------------

dep = np.array([[0., 0., 0.], [0., 0., 0.], [0., 0., 0.]])

#Definição e inicialização da matriz plástica dp:
dp = np.array([[0., 0., 0.], [0., 0., 0.], [0., 0., 0.]])
dp_den = np.array([0., 0., 0.]) #Termo do denominador da matriz
#-----------------------------------------------------------------

dp = np.matmul(de, mat_a)
dp = np.matmul(dp, mat_at)
dp = np.matmul(dp, de)
dp_den = np.matmul(mat_at, de)
dp_den = np.array([dp_den[0,0], dp_den[0,1], dp_den[0,2]])
dp_den = np.matmul(dp_den, a)
dp = dp/dp_den

dep = de - dp
```

```
    return dep
#-----------------------------------------------------------------


#Definição da matriz elástica de:
de = np.array([[0., 0., 0.], [0., 0., 0.], [0., 0., 0.]])
aux = young/(1-np.power(poisson,2))
de[0, 0] = aux
de[0, 1] = aux*poisson
de[0, 2] = 0.

de[1, 0] = aux*poisson
de[1, 1] = aux
de[1, 2] = 0.

de[2, 0] = 0.
de[2, 1] = 0.
de[2, 2] = aux*((1-poisson)/(2))
#-----------------------------------------------------------------
d_sig = np.array([0., 0., 0.])  #Vetor do incremento de tensões
defp = np.array([0., 0., 0.])  #Vetor de deformação plástico
d_defp = np.array([0., 0., 0.]) #Vetor de deformação plástico
                                #dividido por n subincrementos

a = np.array([0., 0., 0.])      #Inicialização do vetor "a"

#a)Cálculo do vetor do incremento de deformações d_def:
d_def = deft1-deft0

#b)Cálculo do vetor de incremento de tensões, assumindo
#comportamento elástico:
d_sig = np.matmul(de, d_def)

#c)Cálculo das tensões totais sigt1, assumindo comportamento
#elástico:
sigt1 = sigt0 + d_sig
```

```
#d)Cálculo da função de escoamento ft1:
ft1 = np.sqrt(np.power(sigt1[0],2) + np.power(sigt1[1],2) -
            sigt1[0]*sigt1[1] + 3*np.power(sigt1[2],2)) - sigy

#Verificação do sinal de ft1:
if (ft1<0.):            #e)Sinal negativo = incremento elástico
    return sigt1
else:                   #f)Sinal positivo = incremento plástico
    if (iplas == 1):
        ratio = 0.
    else:
        #Definição da função implícita func_ratio:
        def func_ratio(r):
            return [np.sqrt(np.power(sigt0[0]+r[0]*d_sig[0],2) +
                   np.power(sigt0[1]+r[0]*d_sig[1],2)-
                  (sigt0[0]+r[0]*d_sig[0])*(sigt0[1]+r[0]*d_sig[1])+
                   3*np.power((sigt0[2]+r[0]*d_sig[2]),2)) - sigy]
        #------------------------------------------------------------
        #Solução numérica de func_ratio:
        ratio = fsolve(func_ratio, [0.1])
        #------------------------------------------------------------

#g)Redefinição de sigt1 e cálculo de defp:
sigt1 = sigt0 + ratio*d_sig
defp = (1.-ratio)*d_def

#h)Divisão de defp em "n" subincrementos e atualização de sigt1:
d_defp = defp/n

for i in range(n):
    a = calc_a(sigt1)       #Calcula o vetor "a"
    dep = calc_dep(a, de) #Calcula a matriz dep
    sigt1 = sigt1 + np.matmul(dep, d_defp)
```

```
    return sigt1
#-----------------------------------------------------------------------
#Exemplo para teste:
deft0 = np.array([0., 0., 0.])
deft1 = np.array([0.004286, -0.009350, 0.051000])
sigt0 = np.array([20000000., 32000000., -1500000.])
young = 210000000000
poisson = 0.3
sigy = 240000000.
iplas = 0
n=10

sigt1 = atualiza_sig(deft0, deft1, sigt0, young, poisson, sigy, iplas, n)

print (sigt1)
[-1.41287612e+07 -1.36680727e+08  2.55185126e+08]
```

Referências Bibliográficas

ABNT – Associação Brasileira de Normas Técnicas. *NBR 6118:* Projeto de Estruturas de Concreto – Procedimento. Rio de Janeiro, 2014.

ARAÚJO FERNANDES, M.T.C., CARDOSO, C.O., MANSUR, W.J., "An adaptive load stepping algorithm for path-dependent problems based on estimated convergence rates", *CMES – Computer Modeling in Engineering & Sciences*, v.113(3), pp. 325-342, 2017.

ARAÚJO FERNANDES, M.T.C., *Métodos de Elementos Finitos Contínuos/Descontínuos Aplicados a Problemas de Elasticidade.* Tese de D.Sc., COPPE/UFRJ, Rio de Janeiro, RJ, Brasil, 2014.

ARAÚJO FERNANDES, M.T.C., *Solução de Problemas Elastoplásticos Através de Método de Elementos Finitos Descontínuos.* Exame de Qualificação de Doutorado, COPPE/UFRJ, Rio de Janeiro, RJ, Brasil, 2012.

ARCELLOR MITTAL, Catálogo de Fios e Cordoalhas para Concreto Protendido, 2020.

BATHE, K.J., *Finite Element Procedures.* 1 ed., New Jersey, Prentice-Hall, 1996.

BATHE, K.J., "*Finite Element Procedures for Solids and Structures*" – Notas de aula, Massachusetts Institute of Technology, 1986.

CARDOSO, C.O., *Metodologia para Análise e Projeto de Dutos Submarinos Submetidos a Altas Pressões e Temperaturas Via Aplicação do Método dos Elementos Finitos.* Tese de D.Sc., COPPE/UFRJ, Rio de Janeiro, RJ, Brasil, 2005.

CHEN, W.F., HAN, D.J., *Plasticity for Structural Engineers*, 1 ed., New York, Springer-Verlag, 1988.

FISH, J., BELYTSCHKO, T., *Um Primeiro Curso em Elementos Finitos*, 1 ed., Rio de Janeiro, LTC-Livros Técnicos e Científicos Editora S.A, 2007.

HANAI, J.B., "*Fundamentos do Concreto Protendido – E-book de Apoio para o Curso de Engenharia Civil*", Departamento de Engenharia de Estruturas – Universidade de São Paulo – Escola de Engenharia de São Carlos, 2005.

HIBBELER, R.C., *Resistência dos Materiais*, 7 ed., São Paulo, Pearson, 2015.

KAMAYA, M., 'Ramberg-Osgood Type Stress-Strain Curve Estimation Using Yield and Ultimate Strengths for Failure Assessments", *International Journal of Pressure Vessels and Piping*, v.137, pp. 1-12, 2016.

KATTAN, P.I., *Matlab Guide to Finite Elements – An Interactive Approach*, 2 ed., Berlin, Springer-Verlag, 2008.

KOJIC, M., BATHE, K.J., *Inelastic Analysis of Solids and Structures*, 1 ed., Berlin, Springer-Verlag, 2005.

LINGE, S., LANGTANGEN, H.P., *Programming for Computations – Python*, 2 ed., Berlin, Springer-Verlag, 2020.

LOGAN, D.L., *A First Course in the Finite Element Method*, 4 ed., Toronto, Thomson, 2007.

MATTHES, E., *Curso Intensivo de Python: Uma Introdução Prática e Baseada em Projetos à Programação*, 1 ed., São Paulo, Novatec, 2017.

RAMBERG, W., OSGOOD, W.R., "Description of stress–strain curves by three parameters", *Technical Note No. 902, National Advisory Committee For Aeronautics*, 1943.

SOUZA NETO, E.A., PERIC, D., OWEN, D.R.J., *Computational Methods for Plasticity*, 1 ed., West Sussex, Wiley, 2008.

SWEIGART, A., *Automatize Tarefas Maçantes com Python: Programação para Verdadeiros Iniciantes*, 1 ed., São Paulo, Novatec, 2017.

ZIENKIEWICZ, O.C., VALLIAPAN, S., KING, I.P., "Elasto-Plastic Solutions of Engineering Problems 'Initial Stress', Finite Element Approach ", *International Journal for Numerical Methods in Engineering*, v.1, pp. 75-100, 1969.

Índice

A

B

C

D

E

F

G

H

I

K

M

N

P

R

S

T

U

V

Y